DOROTHEA ASSIG & DOROTHEE ECHTER

»Eines Tages werden sie sehen, wie gut ich bin!«

DOROTHEA ASSIG & DOROTHEE ECHTER

# »Eines Tages werden sie sehen, wie gut ich bin!«

## Wie Karrieremythen Ihren Erfolg blockieren und Sie dennoch weiterkommen

ARISTON

Sollte diese Publikation Links auf Webseiten Dritter enthalten,
so übernehmen wir für deren Inhalte keine Haftung,
da wir uns diese nicht zu eigen machen, sondern lediglich
auf deren Stand zum Zeitpunkt der Erstveröffentlichung verweisen.

Bibliografische Information der Deutschen Bibliothek

Die Deutsche Bibliothek verzeichnet diese Publikation in der
Deutschen Nationalbibliografie; detaillierte bibliografische Daten sind
im Internet unter www.dnb.de abrufbar.

FSC www.fsc.org MIX Papier | Fördert gute Waldnutzung FSC® C083411

Penguin Random House Verlagsgruppe FSC® N001967


Umschlaggestaltung: Nele Schütz, Memmingen
Satz: Satzwerk Huber, Germering
Druck und Bindung: CPI books GmbH, Leck
Printed in the Czech Republic

ISBN: 978-3-424-20269-4

# Inhalt

Wobei Ihnen dieses Buch helfen kann . . . . . . . . . . . . . . . . . . 7

Neun Karrieremythen, neun Erfolgsstrategien . . . . . . . . . . . 13

1. Mythos: Die da oben sind narzisstische Egomanen . . . 15
2. Mythos: Authentizität ist wahr und überzeugt . . . . . . . 27
3. Mythos: Große Leistungen werden entdeckt und belohnt . . . . . . . . . . . . . . . . . . . . . . . . . . . . . . 41
4. Mythos: Schmeicheln und Schleimen beschleunigen die Karriere . . . . . . . . . . . . . . . . . . . . . . . . . 59
5. Mythos: Karriereplanung ist Sache des Unternehmens 79
6. Mythos: Nur Schwache brauchen Rat . . . . . . . . . . . . . 101
7. Mythos: Ohne Glück keine Karriere . . . . . . . . . . . . . . 125
8. Mythos: Die richtigen Kontakte hat man eben – oder nicht . . . . . . . . . . . . . . . . . . . . . . . . . . . . . 145
9. Mythos: Wer sich durchsetzt, macht Karriere . . . . . . . 179

Warum Karriere machen? . . . . . . . . . . . . . . . . . . . . . . . . 195

Danke . . . . . . . . . . . . . . . . . . . . . . . . . . . . . . . . . . . . 205
Literaturempfehlungen . . . . . . . . . . . . . . . . . . . . . . . . . 209
Anmerkungen . . . . . . . . . . . . . . . . . . . . . . . . . . . . . . 211
Register . . . . . . . . . . . . . . . . . . . . . . . . . . . . . . . . . . . 217

# Wobei Ihnen dieses Buch helfen kann

Ein glückliches, erfülltes Leben führen – dahin gibt es viele Wege. Arbeit ist einer davon. Menschen, die in ihrer Arbeit ihre Ambition leben, können sich glücklich schätzen. Doch nicht alle entdecken diesen Gestaltungsraum für sich. »Was steht zwischen mir und meiner Karriere?« Dieser Frage gehen wir in unserem Buch nach und beschreiben, wie Karrieremythen verhindern, dass Sie Karriere machen. »Das weiß doch schließlich jeder«, dass »Karrieristen« über Leichen gehen, sich verbiegen, nach oben schleimen und nach unten treten. Mythen gelten als allgemeingültig. So oft schon gehört und gelesen. Das muss doch stimmen. Karrieremythen haben eine entlastende Funktion, sie verhindern, dass Menschen ihre Ambition ernst nehmen und sich für sie einsetzen. Doch Karrieren, ob in einem Konzern oder selbstständig, finden in einem fachfernen und hierarchisch aufgebauten System statt, in dem es um Sichtbarkeit und Nähe geht. Auch bei Selbstständigen gibt es Auswahlprozesse. Die Leistung ist die Basis. Hinzu kommen müssen andere entscheidende Kompetenzen, die eine Karriere möglich machen. Dazu müssen Menschen Gewissheiten aufgeben. Dass Leistung nicht reicht, ist für manche Menschen eine schwierige Erkenntnis, die große Widerstände auslösen kann. »Warum macht er Karriere, obwohl ich so viel mehr Erfolge vorweisen kann? Bei einem solchen System möchte ich nicht mitmachen.«

Mythen übernehmen die Deutungsmacht, wenn Ereignisse unerklärlich erscheinen: Warum ist gerade sie befördert worden und ich nicht? Warum ist er so erfolgreich und ich stecke in meinem Job fest? Mythen bringen das Geschehen in einen plausiblen, anschaulichen Kontext. Karrieremythen blockieren Ihre Karriere, denn sie sind leicht nachzuvollziehen, verführerisch logisch, werden wieder und wieder beschworen, jedes Einzelbeispiel gilt als Beweis der Richtigkeit. Wer glaubt, was Tag für Tag zu lesen ist, nämlich dass Chef*innen Narzissten sind und Unternehmen sowieso mies, braucht keine Strategie, weil Karrieren willkürlich erscheinen. Die Kommentarspalten zu Artikeln über Karriere sind voll davon. Sie tragen unverdrossen die ewig gleichen selbstschädigenden Karrieremythen vor. Als *Spiegel.de*-Autorinnen haben wir uns in einem Artikel diesem Phänomen gewidmet, der online 230 000 Mal gelesen wurde.[1] Da wussten wir: Wir müssen ein Buch schreiben und erklären, wie diese Alltagsmythen Karrieren in Unternehmen, Kunst, Politik, Verwaltung, Wissenschaft, Medien manchmal direkt vom Start aus, manchmal später ausbremsen. Das gilt für Selbstständige und Angestellte gleichermaßen.

Wir zeigen, wie Karrieren gelingen, in Seminaren und Vorträgen, wir beraten Einzelpersonen und Unternehmen, schreiben Bücher, Artikel, Kolumnen, Blogs. Uns entgeht nichts, aus jedem Blickwinkel haben wir die Tiefenstrukturen von Karrieren analysiert. Für dieses Buch haben wir aussortiert und Karrierestrategien von Karrieremythen befreit.

Karrieremythen verhindern Karrieren. Wie können Strategien aussehen, die Ihnen plausibel erscheinen und die Sie umsetzen können?

Auch die besten Karrierestrategien sind nicht nur zum Lesen da, sondern zum Umsetzen. Obwohl es schon für einen Mindset-Impuls reichen würde, ein Buch zu kaufen, es ins Regal zu stellen und ab und zu einen Blick darauf zu werfen. Wenn Sie mehr wollen, wäre Lesen gut, denn so verstehen Sie Karrierestrategien in ihrer Bedeutung, im Kontext und in ihrer Wirkung. Wenn Sie noch mehr wollen, können Sie entscheiden, was Ihnen wichtig ist und wie Sie handeln wollen.

So haben wir dieses Buch geschrieben, damit Sie Erkenntnisse gewinnen über Ihre Wünsche, Ihre Widerstände und was Ihnen an

Karrierestrategien möglich ist. Jedes Kapitel steht für sich. Welchen Mythos finden Sie unwiderstehlich und glauben auch daran? Lesen Sie dieses Kapitel! Wenn Sie einen Impuls entdecken, der Sie ermuntert, eine Veränderung herbeizuführen: Dann tun Sie das! Sie werden staunen, wie viele Karrierehindernisse verschwinden. Unsere Strategien sind wie ein Mobile. Wenn Sie an einer Stelle etwas verändern, kommt alles in Bewegung.

Wahr ist auch: Neben den Mythen gibt es auch echte Vorurteile, die zu realen Karrierehindernissen führen. Menschen werden ganz real wegen ihres Alters, ihres Geschlechts, ihrer Herkunft, Hautfarbe, einer Krankheit, Schwangerschaft oder wegen ihrer sexuellen Orientierung in Unternehmen diskriminiert und ausgegrenzt. Sie erfahren Mobbing, das ist kein Mythos. Für Menschen, denen Vorurteile begegnen, sind bereits die Einstiegshürden in Unternehmen schwer zu überwinden. Diese Benachteiligung nehmen Unternehmen zunehmend ernst. Immer mehr Menschen engagieren sich gegen Rassismus, Homophobie, Sexismus und die Ausgrenzung von Menschen mit Behinderung. Das sind gesellschaftliche Themen, die alle Menschen betreffen.

Es erfordert Wunderdinge von der einzelnen Person, die mit Vorurteilen konfrontiert ist, diese Hürden zu nehmen. Dafür ist die Ambition da: sich nicht entmutigen lassen, und immer wieder, mit der Hilfe anderer, aktiv die Zugehörigkeit gestalten. Was wir hier und in unserem Buch *Ambition*, geschrieben haben, gilt für Menschen, die mit Vorurteilen konfrontiert sind, in besonderem Maße.[2]

Es gibt viele Gründe dafür, weshalb Menschen eine begehrte Position nicht bekommen, ja nicht einmal dafür infrage kommen. Ein solcher Grund kann, muss aber kein Karrieremythos sein. Die Personalauswahl ist überall hochkomplex und die Kriterien undurchschaubar, selbst wenn sie detailliert systematisch aufgeschrieben sind. Auswahlprozesse scheinen objektiv, sind es aber nicht.

In jeder Phase Ihrer beruflichen Entwicklung begegnen Ihnen Karrieremythen. In guten Zeiten, wenn der Aufzug nach oben schnurrt, greifen andere Mythen als in Phasen der Krise oder des

Stillstands. Direkt nach dem Studium stellt der frischgebackene Diplomstatistiker fest, dass er im Moment geringe Chancen hat, in einem Rückversicherungsunternehmen eingestellt zu werden. Da ist der Mythos »Noch eine Ausbildung draufsetzen ist immer nützlich« sofort parat. Ihm wird gern geglaubt, denn sich auszubilden, das kann der junge Mann gut, Schwierigkeiten bei der Jobsuche bewältigen noch nicht. Genau das müsste er jetzt aber lernen. Denn Jahre später, nach der Promotion, zeigt sich: Die Situation ist nicht besser, die begehrten Positionen sind mit jüngeren Diplomstatistiker*innen besetzt.

Denken Sie »Die Unternehmenswelt ist hart und von narzisstischen Eigeninteressen geprägt«, und: »Ich muss lernen, mich dagegen durchzusetzen«? Mit dieser Haltung werden Karrieren nicht gestartet, sondern bleiben in den Teeküchen dieser Welt stecken. Wenn dort Tag für Tag gelästert wird, dass die Chefin nichts kann, es sowieso nicht fair zugeht, dann sind sie dahin, die Aufstiegsmöglichkeiten. Wer damit Zeit und Energie verbringt, wird nicht als Erfolgsversprechen gesehen, sondern als resigniert und ohnmächtig.

Eine Unternehmenskarriere – jede Karriere – findet in einem System statt, in das sich sehr viele Menschen einfügen, um Ziele zu erreichen. Menschen nehmen Sie wahr und sprechen über Sie – für Sie oder gegen Sie. Die Bereitschaft anderer, einflussreicher Menschen, Sie zu fördern – dieses Wohlwollen müssen Sie erreichen. Ohne sich zu verbiegen. Das ist die wirksame Strategie gerade dann, wenn Sie herausragende, eigenwillige Ideen haben oder Ihr Widerspruchsgeist sich entfalten möchte. Veränderungsideen werden nur mit Wohlwollen gehört und aufgenommen. Deshalb müssen Sie für sich und ihre Ideen werben.

Vielleicht stimmen Sie ja auch dem Gedanken zu, es komme letztlich nur auf gute Leistung an? Dieser Mythos führt dazu, dass jemand trotz großer Erfolge übergangen wird und ein vermeintlich unfähiger Kollege karrieremäßig vorbeizieht. Was mag dieser Kollege anders gemacht haben? Vielleicht hat er dem Leistungsmythos nicht geglaubt. Viele Menschen sind stolz darauf, sich dem Karrieresystem zu verweigern, weder »zu schleimen« noch sich anzupassen. Und dennoch sehnen sie sich nach Anerkennung und Wertschätzung. Diese gibt es aber nicht, wenn Chef*innen abgewertet werden.

Dafür sind Karrieremythen da: Sie entlasten von der eigenen Verantwortung. Wir geben Ihnen diese Verantwortung zurück. Jede und jeder, die oder der nicht die Wertschätzung erfährt, die aufgrund der fachlichen Leistung angemessen wäre, kann in diesem Buch studieren, ob die Karrierehemmnisse nicht vielleicht doch hausgemacht sind.

Wer nicht befördert wird, wer keine Jobangebote, keine Empfehlungen bekommt, lernt in diesem Buch, sich nicht an Mythen zu orientieren, sondern stattdessen die eigenen Karriereambitionen zu gestalten.

Karriere zu machen, heißt auch, Veränderungen auszuhalten. Umzüge oder ein Wechsel in eine viel größere Verantwortung. Die anfängliche Begeisterung kann in Widerstände umschlagen und alle Wünsche sabotieren. Auch dazu sind Karrieremythen da. Sie stellen alte Sicherheiten wieder her und entlasten von Veränderungen. In diesem Buch lesen Sie, wie das passiert und wie Sie diese Dynamik überwinden können.

# Neun Karrieremythen, neun Erfolgsstrategien

# 1. Mythos: Die da oben sind narzisstische Egomanen

## Wie der Mythos sich zeigt: *»Mit denen da oben habe ich nichts zu tun und ich will nicht werden wie die.«*

Sind das nicht alles gefühllose Psychopathen oder sogar Verbrecher? Darüber sind sich viele Menschen einig: »Ja, das Spitzenpersonal der Wirtschaft besteht aus unfähigen, machthungrigen, gierigen Egomanen.« Diese Sichtweise wird immer wieder neu angeheizt durch die ewig gleiche Titelgeschichte, durch Bücher über Gier und das Versagen des Topmanagements. Von *Nieten in Nadelstreifen* Anfang der 1990er Jahre[3] über einen Artikel in der *ZEIT*, die Arbeitswelt sei »ein Eldorado für Sonderlinge«[4], und Bücher wie *Ich arbeite in einem Irrenhaus*[5] bis hin zu *Spiegel.de*, der den Rückzug des äußerst erfolgreichen Microsoft-Chefs Steve Ballmer kommentierte mit »[…] geht nun einer der letzten großen Irren der Tech-Branche von Bord«[6], zu einem *Stern-Online*-Beitrag, in dem zu lesen ist: »Die Versager: von überschätzten Top-Managern und beratungsresistenten Egomanen«[7]. Die Psychopathen sind unter uns »[…], direkt an den Schaltstellen der Macht«[8], oder auf dem Weg dahin: »Es wächst eine Generation von Narzissten heran«[9], die Studie *Die Jungbullen kommen*, die in diesem Artikel vorgestellt wird, wird immer wieder in den Wirtschaftsmedien unter einem anderen Titel neu aufgelegt – und auf diese Weise untermauert.

## Sie brauchen kein großes, sondern ein starkes Ego

Narzissmus ist leicht zu beweisen, weil alle Menschen narzisstische Anteile haben – ambitionierte, junge, aufstrebende Menschen haben mehr solche Anteile als andere. Am Anfang jeder Karriere brauchen Menschen ein starkes Ego. Was ist das Ego? Es ist pure Energie, das Selbst-Zutrauen, das Größenselbst, die Lust und der Drang, den eigenen Werten, Anliegen und Interessen Dominanz zu verschaffen. Es braucht das Ego, um Großes für die Welt zu bewirken, den eigenen Lebenssinn zu finden, unsichere Zeiten durchzustehen und mit Widerständen umzugehen. Dann steht das Ego im Dienst der Ambition. Es dient Ihrer Ambition und damit anderen Menschen, es erkennt die Größe anderer an und lernt, lernt, lernt.

In jedem großen Unternehmen gibt es narzisstische Menschen, schwierigste Persönlichkeiten und auch Kriminelle. Und es gibt herzliche, zugewandte, engagierte Personen und echte Führungstalente. Der kritische Blick richtet sich auf einzelne Negativbeispiele. Von ihnen wird auf die gesamte Topliga geschlossen, weil es über solide, fähige und exzellente Topmanagerinnen und Topmanager nichts Skandalöses zu berichten gibt. Die schweigende Mehrheit der integren, guten Führungspersonen inszeniert sich nicht in den sozialen Medien, sondern engagiert sich Tag für Tag für Wachstum, Sanierung, Digitalisierung, für Kunden und Kundinnen sowie Mitarbeitende. Verantwortungsvoll. Unauffällig. Unspektakulär.

## Alles Verrückte?

Gierige Egomanen – eine Sichtweise, die sogar von den diskreditierten Personen selbst übernommen wird, die in Geheiminterviews mit ihren »Versagerkolleg*innen« abrechnen, wie geschildert in *Klasse!: Die wundersame Welt der Manager* von Dagmar Deckstein.[10] Das klingt dann so: »Von der Fähigkeit zur Selbstreflexion oft keine Spur, die Demutsgesten der Hofschranzen nehmen sie für bare Münze und halten sich über kurz oder lang tatsächlich für den Größten.« »Dort wimmelt es nur so von Selbstbeweihräucherung.« Oder: »Aufgrund solcher Konstellationen [Untertanengeist – Anm.

d. Autorinnen] wird diese Neigung von Konzernchefs, in die Selbstüberschätzung und Selbstherrlichkeit abzuheben, in einem fortlaufenden Prozess ständig verstärkt.«[11]

Auch Coaches beteiligen sich am Topmanagement-Bashing und sprechen abschätzig von ihren Klient*innen. Wenn sie empört in Interviews dem staunenden Publikum verraten, dass sie dem Bankenvorstand Demut beibringen mussten, weil er sonst zu gierig und ein »emotionaler Krüppel« sei, werden bei den Leser*innen die eigenen Erinnerungen angestachelt und Vorbehalte geschürt. Waren es nicht die CEOs von Banken, die die Welt durch die globale Finanzkrise an den Abgrund gebracht haben? Sieht man nicht manchen »Alphamännern« ihren brutalen Ehrgeiz geradezu an? In manchen Führungskräftemeetings wird ihnen ihre Unfähigkeit von Gastredner*innen vorgehalten, manchmal sogar auf der Weihnachtsfeier. Oder es werden »lustige« Unternehmenstheater engagiert, um betriebsintern die Schwächen dieses unfähigen Personals aufzudecken.

Tatsache ist: Es gibt miese Chefs. Tatsache ist auch: Es gibt miese Unternehmen mit schwierigsten, unwürdigen Arbeitsbedingungen. Ihre Verfehlungen werden zu Recht öffentlich, weil sie Menschen belogen, betrogen oder herabgesetzt haben und diese sich irgendwann wehren. Oft erst nach Jahren, wenn vieles zusammengekommen ist, wenn es mehrere Zeug*innen gibt. Es ist eine andauernde gesellschaftspolitische Aufgabe, gegen Missstände zu opponieren, was viele Betriebsrät*innen, Mitarbeitende, Führungspersonen, Gewerkschaften und politische Organisationen auch tun. Sie sind heute in der Mehrzahl. Kooperation und freundschaftliche Zusammenarbeit ist bereits jetzt die Unternehmensrealität vieler Menschen. Das ist nicht nur der Anspruch an Unternehmen, sondern von Unternehmen. Diese Veränderungen sind immanent und fortlaufend.

## Wie sich der Mythos mit Ihren inneren Widerständen verbündet und Ihrer Karriere schadet: *»Ich kann nichts verändern, auf mich wird nicht gehört, ich habe keinen Einfluss.«*

Entscheidungen in Unternehmen sind für die meisten Menschen undurchschaubar. Um das Spitzenpersonal in allen Organisationen ranken sich auch deshalb Mythen, weil die Einfluss- und Machtdynamiken nicht entziffert werden können. Der Arbeitsalltag vieler Menschen wird bestimmt von Entscheidungen, die sie direkt betreffen, an denen sie oftmals aber keinen Anteil haben. Es ist für sie unverständlich, warum sie keinerlei Spielraum in der Gestaltung ihrer Arbeit haben, obwohl in den Führungsleitlinien von Eigenverantwortung die Rede ist. Sie erkennen keinen Sinn in den Kontrollmechanismen, da sie selbst die Fachleute in ihren Bereichen sind. So entstehen Ohnmachtsgefühle. In unterschiedlichen Intensitäten haben alle Menschen sich schon einmal machtlos erlebt, ob in Familie, Beziehungen, Freundschaften, Schule oder innerhalb der Unternehmenshierarchie. Für ambitionierte Menschen ist dieses Gefühl der Machtlosigkeit unerträglich, denn sie wollen etwas bewirken, haben die besten Absichten und werden doch ausgebremst. Wie sollen sie damit umgehen? Es erdulden, kündigen oder einen offenen Konflikt anzetteln? Diese innere Zerrissenheit lösen Menschen auf unterschiedliche Weise. Von einer teilnahmslosen Beobachtung, »was die da oben wieder ohne uns machen«, bis zur inneren Kündigung ist es kein weiter Weg. Sich fremdbestimmt fühlen, ohne Einfluss zu sein, ist ein unangenehmes Gefühl und möchte sich Ausdruck verschaffen. Für manche durch Nörgeln, Lästern, Jammern – so können sie sich gegen die Übeltäter »da oben« zumindest verbal auflehnen. Die gemeinsame Empörung bestärkt zudem für kurze Zeit das Wir-Gefühl und ist ein Ventil gegen die Ohnmacht. Aber es gibt dabei ein Problem: Das Narrativ von den miesen Chefs in diesen miesen Unternehmen macht Einsichten und Lernen überflüssig, denn dagegen »kann man schließlich nichts machen«.

## Kritik löst Distanz aus, selbst wenn jemand zustimmt

Menschen haben das Bedürfnis, loyal zu sein und mit guten Chef*innen und Kolleg*innen zu arbeiten. Wenn jemand negativ über andere oder über Vorgesetzte spricht – aggressiv, zynisch oder auch »nur« ironisch –, vermittelt er als unterschwellige Botschaft Abgrenzung und Abwertung. Von denen, die sich als Kritiker*innen über andere erheben, entfernen sich Gesprächspartner*innen unbewusst unmerklich. Denn Menschen sind beunruhigt, wenn Negatives über vertraute Menschen gesagt wird. Wenn die Zuhörenden zudem ihre Vorgesetzten eigentlich ganz okay finden und gerne für sie arbeiten, entsteht eine kognitive und emotionale Dissonanz. Sie möchten das nicht empfinden, also meiden sie den Kontakt zum Kritiker. Diesem ist gar nicht klar, welche Folgen er mit seinen negativen Reden auslöst. Er hat sich Zustimmung und Anerkennung gewünscht, und nun spürt er die Irritationen und die Distanz. Die negativen Aussagen werden heftiger, die sprachlichen Entgleisungen vehementer, die Empörung größer. Das passiert auf allen Hierarchieebenen, sogar manche Vorstandsmitglieder fühlen sich gemobbt. So kommt es zu diesen fatalen Interviews, in denen »nachgetreten« wird und die im Nachhinein zutiefst bedauert werden.

## Kritik signalisiert Ohnmacht

Mit Nörgeln, Lästern, Jammern und Co. signalisieren Sie, dass Sie die Welt von unten nach oben betrachten und sich selbst eher ohnmächtig weit unten verorten. Genau da werden Sie dann auch von anderen gesehen, als machtlos und schlechte Stimmung verbreitend, für keine größeren Aufgaben geeignet. Das wiederum bestätigt Sie in Ihrer Sicht auf das Unternehmen – und schon schließt sich der Kreis, der keine Entwicklung mehr möglich macht und zu keinen neuen Erkenntnissen führt. So versanden Karrieren. Wenn sich eine Haltung verfestigt, dass der Chef nichts kann – alle Vorgesetzten nichts können –, dass es in diesem Unternehmen nicht fair zugeht – es in keinem Unternehmen fair zugeht –, dann ist er dahin, der Karriereaufstieg, auch wenn die Leistung noch so gut ist.

Ein Unternehmen ist ein Ort, an dem Menschen sich freiwillig aufhalten. Sie haben sich beworben, um hier zu arbeiten – auf einer gemeinsamen Wertegrundlage hin zu großen Erfolgen. Manchmal verliert sich dieses Gefühl der Freiwilligkeit, wenn das Unternehmen renommiert ist, die Bezahlung sehr gut, die eigenen Chancen woanders als deprimierend schlecht eingeschätzt werden oder ein Ortswechsel als zu schwierig gilt – dann fühlen sich Menschen gezwungen zu bleiben. Das Gefühl, ohne echte Alternative zu sein, kann zu immer größerer Ohnmacht führen.

## Ihre Karrierestrategie: Stärken Sie Ihre Selbstwirksamkeitsüberzeugung und seien Sie einflussreich.

Die Kombination aus gesunkener Selbstachtung und der Gewohnheit, Unternehmen als feindliche Orte zu sehen, führt nicht zu Aufbruchstimmung, sondern zu Abhängigkeitsgefühlen und Resignation. Was holt Sie aus dieser Stimmung heraus und kann die Wende bewirken? Es sind Gefühle wie Trotz, (»Ich zeige es allen«), der Mut der Verzweiflung, das unbedingte Interesse am eigenen Themengebiet, die Freude an der eigentlichen Arbeit, die Ermutigung durch andere oder die Erinnerung an frühere Erfolge.

Am Anfang steht die Einsicht, selbst aktiv zu werden und Ihr Verhalten strategisch auszurichten. Indem Sie den Blick von den miesen Führungskräften abwenden und stattdessen Ihren Talenten zuwenden, machen Sie einen großen Schritt hin zu dem, was die Psychologie als Selbstwirksamkeitsüberzeugung bezeichnet. Die Psychologie der Selbstwirksamkeit erforscht das Vertrauen in sich selbst, also zu wissen: »Ich kann Herausforderungen gegenüber bestehen, ich habe schon viele Probleme gelöst. Ich habe weitgehend Kontrolle über mein Leben.« Diese Haltung stärken Sie, wenn Sie sich Ihrem Können und dem zuwenden, was Sie in der Welt bewirken möchten.

## Übernehmen Sie Regie über Ihre Entwicklung

Die eigenen Gefühle zu beeinflussen, ist nur möglich mit einem positiven Programm.

Fragen Sie sich:

- Was ist Ihr großes Talent? Ihr einzigartiges Können? Ihr Anliegen für das Unternehmen, für die Welt?

Dringen Sie zu Ihren tiefsten Anliegen vor:

- Wie soll und kann sich die Welt durch Ihr Können und Talent verbessern?

Vertiefende Fragen:

- Was wollten oder konnten Sie schon von klein auf?
- Welches Können haben andere Ihnen schon immer zugeschrieben?
- Welche Aufgaben trauen Menschen Ihnen immer zu? Was vertrauen sie Ihnen an?
- Was macht Ihnen besondere Freude?
- Auf welchem Gebiet können Sie nie genug lernen?
- Welche Informationen elektrisieren Sie?
- Welche Vorbilder haben Sie?
- Wer, wie möchten Sie sein?
- Welches berufliche Angebot, das Sie Ende der Woche per Anruf erhalten, würde Sie umhauen, sodass Sie sofort Ihre Koffer packen würden?

Ihre Antworten auf diese Fragen lassen Sie auf sich wirken. Welche Ambition zeigt sich da? Jetzt brauchen Sie große, ernsthafte Worte für das, was Sie im Innersten antreibt: Wer sind Sie? Was wollen Sie? Was können Sie? Wie profitiert die Welt von Ihnen?

Wenn Sie diese Übungen gemacht haben, fragen Sie sich nicht mehr »Wer bremst Sie aus?«, sondern »Wen möchte ich gewinnen? Wofür? Wie?« Sie gehen werbend auf die Entscheider*innen in Ihrem Unternehmen zu, Ihr Einfluss wächst.

Sie bemerken mehr und mehr, dass niemand Ihnen Ihre Chancen nehmen, Ihr Talent schmälern, Sie in die Resignation treiben möchte. Wahrscheinlich eher das Gegenteil, denn das Unternehmen will ja erfolgreich sein.

## Identifizieren Sie Ihre Karrierewünsche und folgen Sie ihnen

Sie kennen Ihre Karrierewünsche nicht? Gerade wenn Sie jemand sind, der andere gern kritisiert, dann kann Ihnen Ihr Ärger den Weg weisen. Treten Sie dazu aus dem Raum Ihres verletzten Egos heraus, (»Ich wünsche, dass Menschen – vor allem ich selbst – gut behandelt werden«), denn es geht darum, wie Ihr Unternehmen erfolgreicher sein könnte. Konzentrieren Sie sich auf das, was Sie sich für das Unternehmen wünschen, zum Beispiel modernes Design für Produkte, mehr Social-Media-Präsenz, Kosteneinsparungen oder eine Kooperation mit Tech-Start-ups.

Die wichtigste Frage lautet nun: Was können und was wollen Sie dafür tun, und in welcher Rolle? Das formulieren Sie in allen Varianten. Experimentieren Sie mit positiven Statements:

- Als Projektleiterin kann ich mit meinen guten Arabischkenntnissen die ersten Niederlassungen in Ägypten erfolgreich machen. (Statt: »Die Chefs haben doch keine Ahnung, wie es in Ägypten zugeht.«)
- Unsere Mitarbeiter*innen in den Callcentern benötigen eine bessere Ausbildung, damit sie sowohl freundlich als auch fachkompetent reagieren können. Das kann ich als Manager erreichen. (Statt: »Unsere Callcenter-Qualität hinkt der der Wettbewerber doch meilenweit hinterher. Kein Wunder, wenn dafür angeblich kein Geld da ist.«)
- Wenn ich Nachfolgerin des Amtsleiters werde, der jetzt in den Ruhestand geht, kann ich seine gute Arbeit fortführen und für einen Weg sorgen, moderne Software anzuschaffen. (Statt: »Als Behörde leben wir hinterm Mond und haben natürlich noch nie etwas von Digitalisierung gehört.«)

Andere Menschen müssen wissen, was Sie wollen. Und warum sie mit Ihnen noch erfolgreicher werden. Mit Ihnen, nicht gegen Sie.

## Vermeiden Sie Störungen im Prozess des gegenseitigen Wohlwollens

Karriere zu machen, ist ein anspruchsvoller Prozess. Ihre Leistung ist die Basis, sie befördert Ihre Karriere von Anfang an. Und dann, je weiter Sie kommen, brauchen Sie viele andere Menschen, die Ihnen wohlgesonnen sind. Dazu gehören neben Kollegen, Beraterinnen und Kunden vor allem auch Chefinnen, Autoritäten und manchmal auch der Vorstand. Eine noch so gute Leistung und das schönste Werk führen nicht zum Erfolg, wenn sich nicht andere Menschen dafür einsetzen und gut über Sie sprechen, Sie empfehlen, Ihre Fehler vergessen und Ihre Ergebnisse hervorheben. Es könnte einem bei dem Gedanken schwindlig werden, wie viele Menschen einer Beförderung indirekt oder direkt zustimmen müssen. Wer jemanden empfiehlt, muss sich sicher sein, dass die Empfehlung positiv auf sie selbst, auf ihn selbst zurückwirkt. Der, die Empfohlene lässt den Namen des Empfehlenden, der Empfehlenden leuchten. Wer die Empfehlung empfängt, freut sich noch nach Jahren: Was für eine großartige Empfehlung! Und dankt, selbst wenn daraus gar nichts geworden ist.

Ebenso wichtig, wie das Richtige zu tun, ist es, das Falsche zu unterlassen. Denn der Wohlwollen- und Empfehlungsprozess ist höchst empfindlich. Er wird durch kleinste Unhöflichkeiten, mangelnde Wertschätzung und vor allem durch negatives Reden gestört.

Es sollte kein noch so kleines Gefühl von Illoyalität anderen gegenüber geben. Eine Ablehnung ist leicht, oft kann sie nicht einmal begründet werden, weil es nur sehr kleine Irritationen gab, aber die Kandidatin, der Kandidat ist raus. Feedback erhalten sie nicht. Wenn sie darauf bestehen zu erfahren: »Warum haben Sie jemand anderen bevorzugt? Ich möchte daraus lernen!«, ist das sehr lästig und damit die endgültige Bestätigung für die vorangegangene Ablehnung. Was sollten die Verantwortlichen auch groß dazu sagen?

Sie wissen es ja oft selbst nicht. Auswahlprozesse scheinen objektiv, sind es aber in Wirklichkeit nicht. Aus einer Ablehnung dürfen Sie keinerlei Rückschlüsse auf das eigene Können und die eigene Ambition ziehen. Manchmal wird die Ablehnung als guter Rat getarnt, zum Beispiel:

- »Es wäre besser, Sie würden noch eine Zusatzausbildung machen, ins Ausland gehen oder etwas anderes studieren.«
- »Wegen der Quotenregelung haben Sie als Mann sowieso keine Chance, bleiben Sie besser da, wo Sie sind.«
- »Sie sind über 50, da gibt es keine guten Jobs mehr, suchen Sie sich eine minderqualifizierte Aufgabe oder werden Sie ehrenamtlich tätig.«
- »So jung, wie Sie sind, haben Sie keine Chance. Die bekommen Sie erst, wenn Sie älter sind. Warten Sie darauf.«

Es sind Ausreden, die mit Mythen garniert sind, aber keinesfalls ernst zu nehmen. Es sind freundlich gemeinte, sozial akzeptierte Absagen und keine für Sie bedeutungsvollen Karrierestrategien. Wer Ihnen das sagt, ob Headhunter, Personalverantwortliche oder Outplacement-Berater*in, möchte vor sich selbst als kompetente und hilfreiche Person dastehen und nicht sagen müssen: Wir haben nichts Passendes für Sie und wir werden es auch in Zukunft nicht haben.

Bei Absagen oder keinem weiteren Bescheid (obwohl »Wir melden uns« versprochen wird): bitte niemals nachfragen. Kein Follow-up. Es mag an Ihnen gelegen haben oder auch nicht – ambitionierte Menschen müssen mit vielen Unsicherheiten leben. Wenn Sie lernen wollen, bezahlen Sie einen Coach, zwingen Sie nicht andere, Ihnen etwas Unangenehmes zu sagen. Absagen, Unsicherheiten, Ungerechtigkeiten, Ambivalenzen, Fehler anderer werden übersehen, Sie konzentrieren sich auf Ihre Ambition und Ihre Wünsche.

Sie mögen ungeduldig sein, Ihre Karriere weiterzuentwickeln, und dazu dringend Unterstützung benötigen. Doch wie werden sich die Personalberaterin, der Headhunter, die Personalchefin fühlen, die Hunderte Bewerbungen bekommen und zeitlich unter Druck stehen, wenn Sie wegen Ihres Gesprächs noch einmal nachfragen: »Haben Sie den Artikel schon bekommen, den ich Ihnen gesendet hatte, mit meinen Anmerkungen zu genau der Frage, über die wir gesprochen hatten?«, »Ich wollte nur noch einmal nachfragen, wie es in unserem Prozess weitergeht und ob ich noch etwas tun kann.« Sie werden sich schlecht fühlen, verärgert, beschämt, genervt, vielleicht sogar gestalkt. Je größer die Karriere, desto mehr geht es darum, selbst die kleinsten Störungen im sozialen Kontakt mit einflussreichen Menschen zu vermeiden. Je besser gelaunt, desto freier ist der Kommunikationskanal und desto größer die Bereitschaft zum Zuhören. Je positiver die Botschaften über Chef*innen und Unternehmen, desto größer das Wohlwollen.

Positive Resonanz in anderen Menschen zu bewirken, ist eine Aufgabe jenseits von Leistung. Andere sollten gern mit Ihnen zusammenarbeiten und Sie gern empfehlen wollen. Dieses »gern« gilt es auszulösen, in sich selbst und in allen anderen. Konzentrieren Sie sich darauf, einflussreich zu sein.

## Lösen Sie positive Resonanz bei allen Menschen aus

Menschen können fühlen, was andere fühlen, auch die Vorbehalte gegen Chef*innen und Unternehmen. Das leisten die Spiegelneurone im Gehirn.[12] Durch sie entstehen symmetrische Bewegungen, es entsteht entweder mehr Nähe (bei eigenen positiven Gefühlen) oder mehr Distanz (bei eigenen negativen Gefühlen). Wie gewinnen Menschen mehr Einfluss, wie werden sie sichtbarer und lösen Wohlwollen aus? Indem sie Ihre positiven Empfindungen pflegen und ausdrücken.

Erlernen Sie dieses differenzierte soziale Repertoire:

- Stellen Sie Ihre eigene Ambition in den Vordergrund. Sprechen Sie über Ihr Können und über Ihre Wünsche.
- Nehmen Sie andere mit. Würdigen Sie, was andere in ihrem Feld schon geleistet haben, danken Sie ihnen und machen Sie ihnen Komplimente.

- Unterstellen Sie anderen gute Motive, auch wenn sie andere Ziele anstreben. Machen Sie es sich zur Gewohnheit, Menschen einander auf großartige Weise vorzustellen, sowohl in Gesprächen als auch in der schriftlichen Kommunikation. Sagen Sie nicht einfach: »Das ist Lukas, ein Ex-Kollege«, sondern: »Lukas ist derjenige, der die Kooperation zwischen den beiden Firmen auf ein sicheres Gleis gesetzt hat, er versteht es, Unternehmen für Kooperationen zu finden und zu begeistern.«
- Richten Sie Ihren Blick auf Gemeinsamkeiten und finden Sie eigene Worte dafür, zum Beispiel: »Wir wollen *beide*, dass unser Unternehmen wächst« (statt die Unterschiede herauszustellen: »Ich weiß, Sie sind gegen Zukäufe«).
- Bringen Sie Persönlichkeiten zusammen, die sich kennen sollten. Laden Sie Menschen zum Kaffee oder Museumsbesuch ein. Warum nicht auch Ihren Ex-Chef, wenn japanische Kalligrafien ausgestellt werden und Sie wissen, dass er daran Interesse hat?
- Schreiben Sie Dankeskarten nach entscheidenden Gesprächen, selbst wenn Sie Ihre Ziele nicht erreichen konnten: »Vielen Dank für die intensive, inspirierende Diskussion mit Ihnen. Ich habe viel gelernt.«

# 2. Mythos: Authentizität ist wahr und überzeugt

## Wie der Mythos sich zeigt: *»Nie werde ich schleimen, nie mich verbiegen.«*

Alle Menschen haben den Wunsch, sich in ihrer Umgebung sicher zu fühlen. Sie möchten gewiss sein, das andere Menschen berechenbar und erkennbar glaubwürdig sind. Sie fürchten menschliche Enttäuschungen. Ihr Vertrauen soll gerechtfertigt sein. Deshalb besteht in den meisten Menschen der große Wunsch nach Authentizität. »Ich mag das politische Spiel nicht«, »Ich will mich nicht verbiegen«, »Nie werde ich schleimen« – das sind Sätze, die den Authentizitätswunsch widerspiegeln.

In der Öffentlichkeit gibt es inszenierte Authentizität; Gesten und Stimmungen werden so lange geprobt, bis sie selbstverständlich wirken und spontan aussehen. »Ich bin immer noch der Toni von der Alm und esse am liebsten die Kartoffeln meiner Oma«, so präsentieren sich gerne erfolgreiche Menschen. »Bodenständig« ist auch ein Wort, das sie lieben; demütig und authentisch, so wollen sie gesehen werden und so ist auch ihr Selbstbild. Doch so sind sie schon lange nicht mehr, manche von ihnen waren es noch nie. Dabei benutzen nur Menschen, die sehr vermögend und privilegiert sind, das Wort »bodenständig«. Andere sind es einfach. So ist gerade die Inszenierung eines »normalen« Lebens der Hinweis auf den herausgehobenen Status. Sie wollen »echt« wirken.

Das Authentizitätskonzept steht in krassem Widerspruch zu der Propagierung von Veränderung. Wie soll das gelingen?

Lassen Sie uns die Echtheitsprüfung machen: Was ist auf Instagram authentisch? Sind Schnappschüsse authentisch? Sind die Romane von Karl Ove Knausgård authentisch? Ist Ihre Chefin authentisch? Dieser Karrieremythos gaukelt Ihnen vor, Sie selbst wären immer authentisch und könnten jederzeit erkennen, ob jemand authentisch ist oder nicht: »Das merkt man doch – der lügt, der will nur manipulieren« oder »Das ist spürbar, das kommt aus dem tiefsten Herzen, sie meint es wirklich ernst«. Der Literaturwissenschaftler und Autor Erik Schilling bestätigt, dass »authentisch« ein Verhalten, eine Handlung oder Eigenschaft sei, die ein Beobachter als übereinstimmend mit seiner eigenen Erwartung wahrnehme.[13] Schilling definiert Authentizität als eine Sehnsucht.[14] Man könne nie wissen, ob und inwieweit jemand übereinstimmend mit seinem innersten Kern, seinen Werten und Motiven handle. »Heute sagt er so, und morgen handelt er ganz anders«, das kann durchaus beide Male glaubwürdig sein, denn Motive ändern sich, Interessen auch. Genauso wie Ihre Chefin, die sich Ihnen gegenüber anders äußert als ihren Vorgesetzten gegenüber. Sie verstellt sich dabei nicht, denn sie *fühlt* sich beide Male anders. Sie agiert in unterschiedlichen Rollen: mal als Chefin, mal als Mitarbeiterin.

Die Managementrichtung, die Authentizität von Führungskräften fordert, Authentic Leadership,[15] wurde in viele Führungsleitlinien übernommen. Das eigene Gefühl soll achtsam erkannt und respektvoll geäußert werden. Der Mythos besteht also aus einer unrealistischen – zu positiven – Selbsteinschätzung und einer unrealistischen Forderung an andere. Es ist der romantische Wunsch nach Unverfälschtheit, die dem vermeintlich nur schauspielernden, als »taktisch« oder »manipulativ« wahrgenommenen Verhalten entgegengesetzt wird.

Ein authentisches Selbst gibt es nicht, sondern unterschiedliche Rollen, deren Rahmen gesellschaftlich definiert sind. In ihren jeweiligen sozialen Rollen bewegen sich Menschen offen und ungezwungen. Die Rollen sind vielfältig und wechseln mehrmals am Tag. Je differenzierter und größer die Gruppen und Gesellschaften sind, desto mehr Rollen nimmt ein Mensch ein, mühelos und automatisch: Jemand ist gleichzeitig Tochter, ältere Schwester, Mutter, Enkelin, Oberbürgermeisterin, Ehefrau, Supermarktkundin, Volleyballspielerin, Bahnfahrerin, Freundin, Festrednerin, Trauernde bei einer Beerdigung, Erbin, Prozessgegnerin und so weiter.

Es gehört zum gesellschaftlichen Konsens, sich rollen- und situationsadäquat zu verhalten. Rollenerwartungen sind gesellschaftlich gewünschte, definierte und bei Nicht-Einhaltung negativ sanktionierte Verhaltensmerkmale, wie zum Beispiel für eine Anwältin seriöses Auftreten, Zurückhaltung bei Gefühlsäußerungen, fachlich dominierte Kommunikation und gute Manieren. Das ist in vielen Fällen das genaue Gegenteil der authentischen Gefühle. Die Rollenerwartungen werden von der Anwältin selbst übernommen, wie auch von ihren Mandant*innen, von der Gegenpartei, von allen Beteiligten. Hält sie sich nicht daran, gibt es negative Rückmeldungen, bis hin zu Auftragseinbußen und Reputationsverlust, auch dann, wenn es keine Rechtsbrüche sind. Das ist die menschentypische Lebensweise, sozusagen artgerecht, nicht instinktgesteuert, sondern von Rollenerwartungen gelenkt. So ist auch die menschliche Gefühlswelt ausgerichtet, die äußerst variabel, aber nicht autonom ist.

Das autonome Selbst wird nicht durch Schauspielerei verfälscht. Vielmehr *fühlen* sie sich je nach Rolle, in der sie gerade sind, unterschiedlich, und deshalb *reagieren* sie auch unterschiedlich. Unterschiedliches Rollenverhalten lernt jedes Kind von klein auf: wie es mit der Mutter interagiert, mit dem jüngeren Bruder, mit der Großmutter oder im Bioladen. Jede Kultur und Subkultur bildet eigene Rollenstereotype aus, etwa die von Chef*in und Mitarbeiter, von Kund*in und Lieferant*in, die in verschiedenen Ländern unterschiedlich ausgeprägt sein können. Wird das Rollenverhalten nicht eingehalten, verhält sich beispielsweise eine Aufsichtsrätin bei der jährlichen Aktionärsversammlung wie die Praktikantin oder der Fahrradkurier wie der Laborleiter, entstehen Komödien oder Tragödien. Der junge Vater, der seine Tochter zur Kita bringt, sie liebevoll verabschiedet, ihr ein bisschen verträumt und sentimental hinterherschaut, ist schon Minuten später der zahlenorientierte Investmentbanker, der von kühler Ratio dominiert ist (nicht: scheint). Seine Stimme ist anders, seine Körperspannung, seine Sprache. Diese automatisierten Rollenwechsel sind soziale Rituale, Menschen fühlen sich dabei fast immer authentisch. Es sei denn, ihnen sind bestimmte Rollen zuwider und sie möchten sie nicht einnehmen.

Automatisiertes Rollenverhalten kennen alle, die sich bei den Schwiegereltern, gegenüber Autoritäten, Fahrgästen in der U-Bahn, Kindern oder Mannschaftskolleg*innen im Sport jeweils gefühlt authentisch und unkompliziert rollenadäquat verhalten. Wenn ihnen zu Besuch bei den Schwiegereltern eine verletzende oder zu selbstoffenbarende Bemerkung auf den Lippen liegt, schlucken sie sie herunter. Nicht weil sie lügen oder manipulieren wollen, sondern weil sie gelernt haben, wie sie den unkomplizierten Kontakt aufrechterhalten, ohne dass es zu Dramen und Anstrengungen kommt. Sie wollen glaubwürdig sein und sich nicht durch unangemessenes Verhalten und Bemerkungen selbst diskreditieren.

Die Forderung der Authentizität, die an Führungspersonen gestellt wird, ist dagegen spezifisch. Sie sollen sich authentisch zuversichtlich und wertschätzend fühlen und das auch unverfälscht äußern. Wenn Kritik angebracht ist, sollen sie diese auch fühlen dürfen, aber dann ihre innersten Gefühle ganz authentisch wieder zur Wertschätzung hinlenken und ihre Kritik möglichst wertschätzend, »konstruktiv« äußern. Natürlich ohne zu schauspielern. Das ist eine Aufforderung, emotionale Verwirrung zu stiften.

## Persönlichkeit wirkt, genauer: die rollenangemessene Persönlichkeit wirkt

Ein Aufstieg ist keine Weiterführung der Arbeit, sondern eine Entwicklung der Identität. Natürlich wird auch weitergearbeitet. Die Arbeit ändert sich, doch noch mehr die Person: das Lebensgefühl, der Lebensstil, der Habitus, die Haltung, die Freundschaften, der Alltag, einfach alles. Fachlich sind viele Menschen sehr gut, einige sogar herausragend. Was Karrieren entscheidet, ist die rollenangemessene Persönlichkeit, wie auch die Headhunterin Stephanie Schorp in ihrem Buch *Persönlichkeit macht Karriere. So stellen Sie die Weichen für Ihren eigenen beruflichen Weg* [16] präzise beschreibt. Je höher die Hierarchie, je herausgehobener der Status, desto mehr steht die Persönlichkeit im Zentrum der Aufmerksamkeit. Jede Regung, Geste oder Vorliebe wird beachtet und kopiert, erscheint wichtig und ist einflussreich.

## Wie sich der Mythos mit Ihren inneren Widerständen verbündet und Ihrer Karriere schadet: *»Ich muss mir selbst treu bleiben.«*

Markus T. entwickelt gerade eine neue, vielversprechende Produktlinie in einem Modeunternehmen. Wenn sie erfolgreich wird, soll und will er die Leitung der Produktentwicklung übernehmen, der bisherige Chef geht in den Ruhestand. Momentan versinkt er in Arbeit. Er wird von seinem Chef täglich mit unerträglichen Detailfragen genervt, die aufwendig zu beantworten sind. Er studiert die Konkurrenz, besucht Filialen, wertet Marktforschungsergebnisse aus. Sein Chef zögert mit der Bewilligung einer zusätzlichen Mitarbeiterin für ihn, die ihn entlasten könnte, reibt ihm aber unter die Nase, dass er ein wenig erschöpft aussieht und er sich fragt, ob er »der Belastung gewachsen sein wird«. Deshalb könne er sich doch nicht wie geplant so schnell zurückziehen und möchte noch einige Jahre »dranhängen«. Markus' Frau und Familie sehen ihn kaum noch, und er fürchtet sogar, dass sie sich von ihm trennen könnten. So geht es nicht weiter. Er braucht schließlich auch Zeit, sich auf die neue Aufgabe vorzubereiten. Er beschließt, seinem Chef authentisch die Meinung (»die Wahrheit«) zu sagen und Veränderungen einzufordern.

So oder so ähnlich äußert sich der Authentizitätsmythos bei vielen ambitionierten Menschen: als innerer Widerstand. Innerer Widerstand bedeutet Angst vor schmerzlichen Gefühlen, die dem

Selbstbild und den Karrierewünschen entgegenstehen und deshalb unterdrückt werden. Im Gegensatz zu äußeren Widerständen wirken sie im seelischen Untergrund, das heißt, sie sind dem Handelnden nicht unbedingt bewusst. Dennoch lenken sie Gedanken und Handlungen immer mit dem Ziel, dass diese unangenehmen Gefühle nicht gefühlt werden müssen.

Markus' schmerzliche Gefühle, die er unterdrückt, sind seine Zweifel und Ängste: Er könnte nicht in der Lage sein, den neuen Job gut auszufüllen; er könnte den Anforderungen der Öffentlichkeit, von Presse, Medien, Investoren nicht gewachsen sein; er müsste möglicherweise noch mehr arbeiten als vorher; er könnte sich gegenüber seinen Mitkonkurrenten um die Stelle unbeliebt machen. Es könnte so vieles schiefgehen, zu einer Demütigung werden. Oder noch schlimmer: Es könnte klappen. Diese Ängste wüten im Unbewussten. Sein authentisches Gefühl ist: »Ich bin benachteiligt, werde ausgebeutet, ich bin der bessere Entwicklungsleiter, dieser narzisstische Chef, er kann einfach nicht loslassen.« Da kommt der Authentizitätsmythos gerade recht: »Das muss jetzt mal gesagt werden! Schließlich fragen mich Kollegen schon, wie ich mich fühle. Sie scheinen besorgt zu sein.« Dann entwickelt sich die Fantasie: Wie schön es wäre, wenn bei der Beförderung alle diese Risiken ausgeschlossen wären. Dass der Chef dies nicht für ihn übernimmt, macht Markus wütend und er sieht als Lösung, dem Vorgesetzten Vorwürfe zu machen und Forderungen an ihn zu richten. Denn Ärger ist leichter zu ertragen als Selbstzweifel und Angst, und das passt auch besser zum Selbstbild.

Widerstände richten sich gegen Veränderungen in das Unbekannte – deshalb entsteht dieser starke Wunsch, »sich selbst treu zu bleiben«. Die Seele, das Unbewusste wünscht keine Veränderungen, alles soll so bleiben, wie es ist. Deshalb können auch Menschen, deren Leistungen erwiesen sind, nicht davon lassen; sie möchten ihr bewährtes Leistungsbeweise-Erfolgsmuster beibehalten. Schließlich hat ihre unermüdliche Anstrengung sie an diesen Punkt ihrer Karriere geführt. Es geht nicht um Authentizität, sondern um einen

Mindshift, einen Rollenwechsel vom Leistungsbeweise-Könner hin zu einer Führungspersönlichkeit.

Um die Leitung zu übernehmen, müsste Markus die Erfolgssicherheit aufgeben, die ihm seine überbordende Arbeit derzeit verschafft. Statt sich anzupassen und dann zu ärgern, müsste er sich auf neues Terrain begeben, fit, gut gelaunt und zuversichtlich selbst entscheiden, vielleicht falsch entscheiden, gegen Widerstände. Dagegen opponiert der innere Widerstand und flüstert ihm ein: »Erst müssen die Bedingungen stimmen, dann kannst du die Produktentwicklung prima leiten. Fordere dies vom Chef!« Das ist die Art und Weise, wie sich der Authentizitätsmythos unmerklich mit den inneren Widerständen verbündet und leicht weitere Verbündete findet: Markus' Frau unterstützt ihn darin, dem Chef die Augen zu öffnen, und seine Kolleginnen und Kollegen bewundern seinen Mut.

## Ein für alle Mal authentisch die Wahrheit auszusprechen, ist verführerisch

Nur gibt es eben nicht die eine allgemeingültige Wahrheit, sondern nur die eigene, sehr begrenzte Sichtweise. Die vermeintliche Wahrheit auszusprechen, entlastet von momentanen Ängsten, Zweifeln, schützt vor Veränderung und stabilisiert den vorhandenen Zustand der Sicherheit. Das leistet authentische Kritik tatsächlich, denn authentische, auch noch so leistungsstarke Personen werden genau dort bleiben, wo sie sind, und nicht aufsteigen. Auf andere wirken sie überfordert und sind es auch. Authentisch sein zu wollen entlastet von Scham und Schuldgefühlen (in Markus' Fall den Kolleg*innen gegenüber), von nötigen Veränderungen im Verhalten, von Lernanstrengungen. Es stabilisiert das Selbstbild als starker Führer, denn die anderen machen schließlich die Fehler. Markus kann sich als guter Mensch fühlen, der nur das Beste will mit seiner Kritik. Schließlich sind seine Gefühle echt und wahr. Er kann sein konsistentes Ich bewahren. Der Authentizitätsmythos untergräbt die Einsichten, dass die eigenen Gefühle …

- nicht die Realität abbilden,

- stark wechseln können,
- aus Angst und Selbstzweifel erwachsen,
- ambivalent, uneindeutig, widerstrebend sein können.

Ob Markus seinen Irrtum erkennt oder sich nur noch fester an den Mythos klammert? Sein Chef jedenfalls sucht seinen Nachfolger extern. Die Loyalität hat gefehlt. Die Rollenerwartung an einen zukünftig Führenden ist nicht, sein »Recht« von anderen einzufordern, sondern es selbst in die Hand zu nehmen, andere mit einzubeziehen, deren freiwillige Gefolgschaft zu erringen. Führen ist nie einfach und manchmal gelingt es nicht, in der Regie zu bleiben. Dann muss Markus eine andere Entscheidung treffen, mit Wertschätzung für alle. Familien, Unternehmen und andere Gemeinschaften brauchen Loyalität, sonst wäre ein Zusammenhalt nicht möglich. Menschen fühlen sich getragen durch Loyalität und Gemeinschaften werden so stabilisiert.

## Ihre Karrierestrategie: Respektieren Sie den Anspruch anderer auf Respekt, Loyalität und Wertschätzung.

Die wichtigste Rollenerwartung im Unternehmen ist Loyalität. Sie beginnt bei den Inhaber*innen und Geschäftsführer*innen und wächst mit ihnen. Sie können Entscheidungen fällen, die negative Auswirkungen haben, und das müssen sie auch. Doch wenn der CEO sich selbst als Führungsvorbild sieht und dann großflächig durch andere Personen Kündigungsbriefe verschicken lässt; wenn ein Vorstand an einem Tag »seine Mannschaft« einschwört und an einem anderen Tag dieselben Leute in ein Assessment-Center schickt, damit sie sich neu um die Zugehörigkeit bewerben; wenn der Ex-CFO sich bei einer Journalistin über seine ehemaligen Kollegen lustig macht – dann steht alles infrage: Zugehörigkeit, Vertrauen, Einsatz, Leistung, Erfolg. Alle empfinden mangelnde Loyalität als belastend, selbst vermeintlich unbeteiligte Zuschauer*innen.

Aber braucht es nicht auch Kritik, um Unternehmen voranzubringen und Produkte oder Angebote zu verbessern? Nein. Es braucht Wünsche und Anliegen, die aus Erfahrung, Fachkompetenz und Ideenreichtum entstehen, für die andere im Unternehmen gewonnen werden sollen. Kritik gewinnt niemanden, im Gegenteil. Neue Ideen setzen sich in Organisationen selten durch Angriffe und Kampf durch, aber umso leichter durch ihre Attraktivität und durch die unwiderstehlich einbeziehende Kommunikation der Kreativen. Es braucht wohlwollende, einflussreiche Menschen, dann gelingt alles.

## Die meisten Menschen sind loyal

Jede und jeder wünscht sich, im Beruf ebenso wie im Privatleben, respektiert und wertgeschätzt zu werden. Am besten würde das berufliche Miteinander funktionieren, wenn immer alle allen gegenüber authentisch positiv gestimmt wären – das klingt nach einer Illusion und ist es auch. Als Rollenverhalten ist Loyalität selbstverständlich. Menschen denunzieren ihre Vorgesetzten nicht auf Facebook, sie machen die Produkte ihrer Firma nicht im Freundeskreis schlecht, sondern sind stolz darauf. Loyalität wächst in guten Zeiten und ist existenziell in schlechten. In Partnerschaft entstandene Offenheit und Vertrauen dürfen nicht ausgenutzt, nicht diskreditiert werden, nicht dem Entertainment oder dem Amüsement anderer dienen. Es ist sehr leicht, sich illoyal zu verhalten, aber eben auch desaströs. Oft finden herausragend erfolgreiche Persönlichkeiten nach einem Absturz die Ursache ihres Scheiterns in einem lange zurückliegenden, vergleichsweise kleinen Loyalitätsbruch, wenn sich zum Beispiel ein langjährig erfolgreicher Produktentwickler in einer überaus schwierigen Unternehmenssituation bei einem Wettbewerber vorstellt.

»Der ruiniert alles, was wir über Jahre aufgebaut haben, da kann ich doch nicht schweigen.« Doch! Wenn gefordert wird, stets aufrichtig empfundene Kritik zu äußern, dann postulieren Menschen den eigenen Anspruch auf Authentizität und übergehen den Anspruch anderer auf Respekt und Wertschätzung. Anderen werden negative Motive unterstellt: Neid, Egoismus, Gier, Machtstreben. Widrigkeiten und Fehler werden ihnen zugewiesen. So kann kein Wohlwollen entstehen, die Grundlage jeder Karriere. Anders sieht die Sachlage aus, wenn jemand Gesetze bricht und damit den Menschen und dem Unternehmen schadet. Die Grenzen der Loyalität sind dann erreicht.

## Selektive Authentizität

»Spontanität muss wohlüberlegt sein.« Was von dem Satiriker Claudio Michele Mancini als Scherz gedacht war, drückt etwas Wahres aus: die Bedeutung der psychischen Disziplin im menschlichen Miteinander. Ihre Gefühle können Sie sich nicht aussuchen. Ihre Reaktion darauf schon.

Selektive Authentizität ist eine Kulturleistung und sie bedeutet, authentische und gleichzeitig strategisch wirksame positive Gefühle sofort zu äußern und alle anderen so lange zurückzuhalten, bis ein Weg gefunden wird, sie in die Form von positiven, ermutigenden, einbeziehenden Wünschen zu kleiden. Das ist Karrierekompetenz. Je erfolgreicher eine Person ist, desto bewusster erweitert sie die eigene Impulskontrolle und psychische Selbstdisziplin und bleibt dabei glaubwürdig. Wer darum weiß, kann seine eigenen Äußerungen entsprechend umformulieren:

### Beispiel 1

»Sie wollen die Macht und geben die Entwürfe absichtlich nie an mich weiter« …

… wird zu einer harmloseren Variante, die Sie aber immer noch nicht äußern:

»Warum geben Sie eigentlich die Designentwürfe nie mir?«

Stattdessen formulieren Sie weiter um:

»Ihre Entwürfe sind einfach großartig! Ich könnte viel daraus lernen, es wäre toll, wenn ich sie auch bekommen könnte.«

Beispiel 2
»Sie wollen immer Lohn und Ehre nur für sich und teilen Erfolge nicht« …
… wird zu einer harmloseren Variante, die Sie noch nicht äußern:
»Schön, dass Sie so erfolgreich sind, aber vergessen wir nicht, dass ich auch daran mitgewirkt habe.«
Stattdessen formulieren Sie weiter um:
»Da haben wir gemeinsam super Erfolge erzielt, ich bin stolz auf uns, wir sind ein großartiges Team!«

Beispiel 3
»Sie sind faul und beuten andere aus« …
… wird zu einer harmloseren Variante, die Sie noch nicht äußern:
»Sie sollten mehr Zeit für das Team einsetzen.«
Stattdessen formulieren Sie weiter um:
»Ihr Know-how ist für das Team äußerst wertvoll, alle sollten von Ihnen lernen.«

## Einfluss statt Empörung

Wenn Sie sich fragen: »Wohin mit meiner Empörung, wohin mit meiner Wut, wohin mit meiner berechtigten Kritik? Wenn ich sie zurückhalte, bin ich dann nicht geradezu eine Lügnerin, ein Lügner, habe ich nicht die Verpflichtung, mich im Unternehmensinteresse ehrlich und kritisch zu äußern?« Die kurze Antwort: glaubwürdig bleiben, Einfluss nehmen statt Empörung ausdrücken. Sie wollen Karriere machen – und dazu brauchen Sie Einfluss. Sie wünschen sich, der käme von ganz alleine, doch Einfluss ist ein reziprokes Geschehen. Das bedeutet: Sie müssen Ihre Wünsche und Anliegen so äußern, dass sich andere anschließen wollen.

Hierarchische Beziehungen im Unternehmen sind keine persönlichen Beziehungen. Ein Nein von Vorgesetzten ist einfach nur ein Nein, keine persönliche Kränkung. Deren Fehlverhalten hat mit Ihnen persönlich nichts zu tun. Sehen Sie darüber hinweg – es sei denn, es handelt sich um justiziable Vergehen oder diskriminiert andere Menschen. Sie entscheiden strategisch, was Ihre Führungsperson von Ihnen wissen muss, damit Sie weiterhin als Erfolgsversprechen gelten können. Und wenn Ihre Vorgesetzten Sie um »ehrliches« Feedback bitten? Dann loben Sie etwas, das lobenswert ist. Denn kaum etwas fürchten Führungskräfte mehr, als von ihren Mitarbeitenden kritisiert zu werden.[17] Sie fühlen sich in ihrer psychologischen Sicherheit bedroht.

## Entwickeln Sie Ambiguitätstoleranz

Wenn Sie Ihre professionelle Rolle diszipliniert annehmen, gehört dazu immer auch Ambiguitätstoleranz, also Geduld und Nachsicht gegenüber Widersprüchlichkeiten und Ungenauigkeiten. Die Realität der Unternehmenswelt ist voll davon. Ein aus Ihrer Sicht exzellenter Vorschlag für die Besetzung einer persönlichen Assistentin kann aus Sicht des Produktionsleiters inakzeptabel sein – ohne dass er Ihnen die Gründe dafür mitteilen darf, etwa wenn die Neue exzellent Spanisch sprechen müsste, weil eine Zusammenlegung mit einem mexikanischen Zulieferer bevorsteht, die noch geheim ist. Dann nennt er Ihnen »falsche« Gründe, die Sie nicht akzeptieren können. Sie ärgern sich: »Der hat doch keine Ahnung von unserem Geschäft.« Und am Ende kann sich seine Entscheidung sogar noch als falsch herausstellen, weil die Akquisition, von der Sie nichts wussten, platzt. Und Ihr Ärger wächst weiter.

Ambitionierten Personen passiert es jeden Tag, dass ein Thema (noch) nicht abschließend beurteilt werden kann. Dennoch müssen sie entscheiden. Sie tun dies aus ihrer konsistenten Rolle, aus all ihrer Erfahrung, aus ihrer Intuition und aus guten Motiven heraus. Sicherheit wird ihnen nicht von außen geboten, sie kommt aus ihrem Inneren. Sie vertrauen ihrer Intuition und Erfahrung, haben die Urteilssicherheit in ihrem Feld. Sie nehmen das Risiko an.

Jedes Gefühl suggeriert: Das ist die objektive Wahrheit. Aber schauen Sie sich um in der Welt, dann werden Sie erkennen: Alle Menschen haben ihre Wahrheit, die für sie stimmt und die kostbar für ihr Selbstverständnis ist. Wie können Sie sich Ihr Wohlwollen,

Ihre Großzügigkeit, das Staunen, Ihre positiven Gedanken und Ihre Neugierde auf andere Menschen bewahren? Dazu brauchen Sie ein flexibles Mindset. »Mindsets sind seit Jahrzehnten das Forschungsgebiet von Carol Dweck, Professorin an der Stanford-Universität. Gemeint sind die grundlegenden Verhaltens- und Denkmuster, welche die Erwartungen an das Leben bestimmen. Dwecks bahnbrechende Erkenntnisse über statische und flexible Mindsets erklären, warum manche Menschen ihre hohe Intelligenz zu ihrem Wohl einsetzen können und andere nicht. Die Psychologin beweist, dass die alles bestimmende Bedingung für Erfolg ein flexibles Mindset ist – der Glaube daran, dass alles im Wandel begriffen ist und man selbst vielfältige Möglichkeiten hat, Dinge zu verändern.«[18]

Dweck zeigt: Menschen mit einem flexiblen Mindset wollen lernen – aus Fehlern, aus schmerzhaften Gefühlen, aus verborgenen Wünschen. Es gehört zu den lebenslangen Aufgaben jedes Menschen, die eigenen inneren Regungen durch Selbstreflexion, Achtsamkeit, Psychotherapie, Meditation et cetera zu erforschen und wahrzunehmen, sich während dieses Prozesses in Disziplin zu üben und Menschen positiv und wertschätzend zu begegnen.

# 3. Mythos: Große Leistungen werden entdeckt und belohnt

## Wie der Mythos sich zeigt: *»Eines Tages werden sie sehen, wie gut ich bin.«*

Entdeckt zu werden, ist eine Allmachtsfantasie nach der Devise »Ich bin so großartig, das muss doch gesehen werden«. Mit der Realität hat das wenig zu tun. Es sei denn, Sie wollen ins Modelbusiness, da gibt es Entdeckungen durch Scouts bei Spaziergängen oder im Café. Für alle anderen gilt: Entdeckt zu werden, ist ein äußerst komplexer sozialer Prozess.

In Unternehmen, in der Kunst, im Sport, überall werden viele Menschen, die Außergewöhnliches leisten, übersehen. Ihre Leistungen bleiben unbeachtet, auch wenn sie für das Unternehmen oder für die Gesellschaft äußerst gewinnbringend sind. Sie gehen im Alltagsgeschäft unter, die Menschen bleiben unsichtbar. So kann es geschehen, dass eine vielversprechende Karriere ins Stocken gerät. Personalverantwortliche und Vorgesetzte suchen mit großem Aufwand die besten Talente. Doch wer gefunden werden will, muss sich zeigen. Diejenigen, die an den Entdecktwerden-Mythos glauben, sind stattdessen mit Arbeiten und Hoffen beschäftigt. Iris Bohnet, Verhaltensökonomin und Professorin in Harvard, kommt zu dem Schluss: »Dass Leistung entscheidend für die Karriere ist, ist ein Mythos«.[19]

## Arbeiten, härter arbeiten, weiterhoffen

Let's face it: Beste Ergebnisse allein führen nicht zum Erfolg. Da hilft kein Trotz, keine Beschuldigung anderer, keine noch größere Anstrengung. Denn herausragende Leistungen erbringen und Karriere machen sind zwei unterschiedliche Systeme.

Zu Beginn einer Karriere ist Leistung die Währung, um gefördert zu werden. Ab dem mittleren Management reicht das nicht mehr, allenfalls ist es ausreichend, um den Status zu erhalten. Leistungsbeweise werden zunehmend unwichtiger, weil mit mehr Verantwortung – und schließlich mit der Verortung im Topmanagement – Spitzenleistung vorausgesetzt wird. Entscheidend ist, ob die Ergebnisse mit Ihrem Namen verbunden sind. Täuschen Sie sich nicht, Arbeitsprozesse sind heute so komplex, dass dies keineswegs automatisch geschieht.

Viele Menschen tragen zum Erfolg eines Unternehmens bei und schmücken sich damit. Was Ihr besonderer Beitrag, Ihr spezifisches Können ist, müssen Sie selbst beschreiben und kundtun. Was Sie nicht selbst mit großartigen, treffenden Worten benennen, das gibt es nicht – nicht einmal für Ihre direkten Vorgesetzten. Antonia Götsch, Editor in Chief beim Fachmagazin *Harvard Business Manager*, präsentierte in ihrem Newsletter vom Februar 2022 eine entscheidende Studie für alle, die an den Leistungsmythos glauben: »Die meisten Führungskräfte kennen nur einen Bruchteil der Aufgaben, die ihr Team regelmäßig bearbeitet. Im Schnitt waren es 40 Prozent, wie eine Studie der Harvard Business School und Wharton School zeigt. In einem extremen Fall konnte die Führungskraft sogar nur 4 Prozent der Aufgaben ihrer Mitarbeitenden beschreiben«.[20] Wenn Ihre Vorgesetzten nicht einmal wissen, was Sie machen, dann erkennen sie auch nicht Ihre Erfolge. Sie können von allen in Ihrer direkten Umgebung anerkannt werden, aber es sind Vorgesetzte, die Ihre Karriere beflügeln – oder auch nicht. Wer sich auf Leistungsbeweise für die weitere Karriere verlässt, verkennt auch, dass über Karrieren heutzutage von immer mehr Menschen entschieden wird. Je anspruchsvoller die Position ist, umso mehr

Menschen sind an ihrer Besetzung beteiligt. Menschen, die Sie nicht einmal persönlich kennen. Allesamt mit höchst unterschiedlichen Interessen, Themen und Kenntnissen, sodass sie Ihre fachliche Leistung nicht einmal beurteilen können.

»Hier wissen alle, wie gut ich bin«, reden sich viele Menschen ein. Doch im Alltag werden Erfolge vergessen und auch der renommierteste Preis verliert nach einiger Zeit an Glanz. Vergangene Erfolge sind für die anderen eben nur eins: vergangen. Sie haben dazu beigetragen, dass Ihr Kollege befördert wurde? Vergessen. Sie haben die Verhandlungen für den größten Erfolg der Firmengeschichte geführt? Sie selbst wissen es, können sich aber nicht darauf verlassen, dass auch andere sich erinnern. Niemand weiß auf Anhieb, welche Ehrungen, Preise und Erfolge Teammitglieder erreicht haben. Das bedeutet, Sie müssen Ihre Erfolge im Alltag kommunizieren und in große Worte fassen. »Wir möchten auf diesem Erfolgslevel große Deals realisieren, deshalb bin ich dafür, dass …« Der Kontext, das Anliegen, um das es Ihnen geht – in diesem Fall, Big Deals zu erreichen –, muss in jedem Gespräch, in jeder E-Mail, in jedem Meeting mitgeliefert werden, direkt oder indirekt.

## Treten Sie in Erscheinung

Claudia liebt alles an ihrem Job, vor allem den Kontakt zu den Auftraggebern vom ersten Telefonat bis hin zur Abschlussbewertung. Sie leitet ein Team in einem großen Catering-Unternehmen. Ganz besonders stolz ist sie darauf, dass aus jedem einzelnen Auftrag, den sie erledigt, neue Empfehlungen entstehen. Egal, ob alles perfekt geklappt hat oder es auch mal Beschwerden gab. Sie hat es genau mitverfolgt: Aus den letzten 22 Events, für die sie in diesem Jahr bisher verantwortlich war, konnten knapp 100 neue Leads (Kundenanfragen) und über 20 neue Aufträge generiert werden. Das sind im Vergleich zu ähnlichen Unternehmen sensationelle Zahlen!

Claudia würde gern noch mehr mit noch größeren, wichtigeren Kunden zu tun haben und weniger mit der organisatorischen Abwicklung. Sie könnte sich vorstellen, eine neue regionale Niederlassung zu gründen und zu leiten. Da die bisherigen Erfolge nicht ihr zugerechnet werden, sondern ihrem Chef Gerd, hängt sie sich noch mehr rein. Sie will ihm beweisen, wie gut sie ist, und legt ihm ihre Zahlen vor. Ihr Chef freut sich: »Weiter so! Leute wie dich brauchen wir. Aber jetzt entschuldige mich, ich muss in ein wichtiges Kundengespräch. Stell dir vor, es ist Herr Meyer vom Meyer-Konzern.« Und weg ist er.

Herrn Meyer hat Claudia mit großer Expertise persönlich angeworben. »Unverschämtheit!«, denkt Claudia und schreibt auf der Stelle eine empörte E-Mail: »Lieber Gerd, mir geht es genau darum, dass du meine Leistung nicht würdigst. Weißt du überhaupt, dass ich es war, die den Kontakt zwischen dir und Herrn Meyer hergestellt hat? Und dass ich dir in diesem Jahr schon mehr als 90 Kundengespräche verschafft habe? Wie viele Kunden hast du eigentlich neu akquiriert? Ich arbeite 60 Stunden die Woche und bringe der Firma sattes Umsatzwachstum. Du willst mich da behalten, wo ich jetzt bin. Aber ich kann so viel mehr. Deshalb fordere ich eine Beförderung innerhalb von zwölf Monaten. Gruß, Claudia.«

Warum können andere, oft nicht einmal Vorgesetzte, Erfolge kaum zuordnen? Weil zu viele Menschen und Faktoren beteiligt sind und sich die Erfolgsdynamiken und Prozesse ständig ändern. Was haben die anderen Teammitglieder bewirkt? Was das neue CRM-System? Wie haben sich die Ideen dieses Social-Media-Marketers ausgewirkt? Welchen Einfluss hatte die Mikrokonjunktur? Was war Zufall und was die eigene Ausstrahlung? Zu behaupten, Claudia habe hier bewiesen, dass sie auf der Basis ihres exzellenten Könnens und ihrer besonderen Kommunikationsbegabung das Firmenergebnis innerhalb eines Jahres um fast ein Viertel nach oben gebracht habe, wird ohne Claudias explizite Erläuterung nicht gesehen. Was allerdings sehr wohl wahrgenommen und bewertet werden kann, ist Claudias Verhalten, wenn ihr Erfolg nicht gewürdigt wird: nörgeln, beschuldigen und Anerkennung einfordern. So jemand wird für größere Aufgaben sicher nicht entdeckt.

Wenn die wichtigen Entscheider*innen nicht sehen, wie herausragend der eigene Beitrag ist, ist das schmerzhaft. Manchmal braucht es viel Zeit, sich einzugestehen: »Von Vorgesetzten und Personalverantwortlichen werde ich unterschätzt.« Die eigenen Mitarbeiter, Klient*innen und Kolleg*innen sind längst zu Fans geworden, die Arbeit selbst ist befriedigend, die Ergebnisse sind spektakulär. Die Erkenntnis, trotz tatsächlicher Erfolge von denen übersehen zu werden, die sie entdecken sollten, wird von den Betroffenen lange verdrängt. Schließlich resignieren sie, beklagen sich, fordern Anerkennung ein und suchen nach Erklärungen, warum sie keine Wertschätzung erfahren. Chefs, die Unternehmen – oder gleich die ganze Welt – scheinen ein Irrenhaus zu sein. »Mindestens die Hälfte ist leicht irre, es gibt aber auch schwere Fälle.«[21] Diese Schlussfolgerung ist ebenso populär wie tückisch. Sie wird durch Veröffentlichungen verstärkt und bringt Menschen dazu, den Grund für ihre Frustration bei anderen zu suchen, statt selbst für ihre Sichtbarkeit und Anerkennung zu sorgen.

## Der Prozess des Sichtbarwerdens

Der Entdecktwerden-Mythos ist eine Erfolgsbremse, die von der Vorstellung lebt, andere Menschen seien für Ihre Karriere verantwortlich, in der Lage, willens oder gar verpflichtet, Ihre Leistung zu erkennen, korrekt zu benennen und Sie als Führungskraft zu entdecken. Hier schließt sich nahtlos Mythos 5 »Karriereplanung ist Sache des Unternehmens« an. Wodurch sollten Sie anderen auffallen? Warum sollten sich andere die Mühe machen, Ihre Erfolge zu erkennen, zu benennen, anderen davon zu berichten und Sie zu fördern? Um entdeckt zu werden, müssen Sie selbst den komplexen Prozess des Sichtbarwerdens gestalten. Dafür brauchen Sie ein entsprechendes Verhaltensrepertoire.

Das Feld, in dem eine Leistung erbracht wird, ist ein anderes als das, von dem Anerkennung ausgeht. Doch was ist überhaupt ein »Feld«? Ein Feld ist ein Personenkreis mit einer speziellen Agenda. Wenn die Beraterin von ihren Seminarteilnehmer*innen hochgelobt wird, aber die Entscheider*innen und Auftraggeber*innen das nicht interessiert, weil es als selbstverständlich gilt. Wenn der Ingenieur seinen Projektvorschlag, mit dem Millionen eingespart werden können, dem Vorstand schickt, aber dieser ihn dennoch nicht zu seiner samstäglichen Golfrunde einlädt. Wenn das interne Konzernberatungsteam bei einer äußerst schwierigen Zielgruppe unbestrittene Erfolge erzielt und beim Topmanagement selbst als »schwierig« gilt, dann kann die Hoffnung auf Anerkennung nicht erfüllt werden. Diese beiden Felder können so unterschiedlich sein, dass es nicht einmal eine gemeinsame Sprache gibt.

| **In diesem Feld wird die Leistung erbracht:** | **In diesem Feld entsteht Anerkennung:** |
|---|---|
| *»Er hat das neue Unternehmen integriert.«*<br>*»Sie konnte 30 Prozent Wachstum erreichen.«*<br>*»Er hat seinen Bonus wirklich verdient.«*<br>*»Sie ist ein Vorbild an Disziplin.«*<br>*»Er macht jedes Projekt erfolgreich.«*<br>*»Deshalb hat sie diese hervorragende Jahresbewertung bekommen.«* | *»Er versteht es, Menschen zu verbinden.«*<br>*»Sie hat mich neulich eingeladen.«*<br>*»Er hat mir gratuliert.«*<br>*»Sie bringt die interessantesten Personen zusammen.«*<br>*»Er ist ein sehr aufmerksamer Zuhörer.«*<br>*»Sie weiß unsere Anstrengung zu würdigen.«* |

Das Feld, auf dem Ihre Leistung gilt, ist nicht das Feld, auf dem Ihre Karriere gemacht wird. Im Alltag ist es manchmal schwer zu erkennen, denn es kann in beiden Feldern positiv über Sie gesprochen werden. Sie werden beide Male gesehen. Beides motiviert. Beides verheißt Anerkennung. Erkennen Sie, wie Sie gesehen werden? Ob als Erfolgsversprechen oder als Leistungsversprechen?

## Wie sich der Mythos mit Ihren inneren Widerständen verbündet und Ihrer Karriere schadet: *»Wenn niemand meine Erfolge sieht, bettle ich nicht um Anerkennung.«*

Manche Menschen schämen sich, sie fühlen sich wie Bittsteller oder Angeber*innen, weil sie ihren Erfolg selbst benennen müssen. Sie gehen davon aus, zum Erfolg gehöre es, dass andere ihre Leistung sehen und feiern. Es kommt fast einem gesellschaftlichen Tabu gleich, dass die eigene Großartigkeit selbst herausgestellt werden muss.

Ihrem inneren Widerstand folgend, argumentieren sie: »Ich habe es nun wirklich nicht nötig, mich zu präsentieren. Das sollen andere für mich tun.« Und: »Qualität sollte für sich selbst sprechen.« Solange es keine Gewohnheit ist, auf eigene Erfolge hinzuweisen, ist es kränkend, exzellente Leistungen zu erbringen und sich dennoch erklären zu müssen. »Ich arbeite hart und gut, meine Leistung wird aber nicht wertgeschätzt – und dann soll ich auch noch Wohlwollen auslösen?« Stimmt genau. Was ist so schwer daran, selbst dafür zu sorgen? Wie kommt es zu diesem lähmenden Widerwillen, die eigene Größe zu kommunizieren und ein Repertoire zu entwickeln, mit dem Sie in Erscheinung treten können? Hier ein paar mögliche Ursachen:

- Sie fürchten, Ihre soziale Zugehörigkeit zu verlieren, wenn Sie »abheben«.
- Bescheidenheit gehört zu Ihren Werten. Sie möchten sich nicht über andere erheben.
- Sie zweifeln insgeheim an Ihren Fähigkeiten. Wenn Sie endlich entdeckt würden, wäre das eine Zertifizierung durch die Anerkennung von außen.
- Sie träumen, wenn der Erfolg endlich – von außen – zu Ihnen gekommen sei, wäre automatisch auch das Können da, damit umgehen zu können.
- Sie sehen es als ein Zeichen von Erfolg, dass Sie es nicht nötig haben, sich zu präsentieren, weil es in Ihrer Karriere bisher immer von allein aufwärts gegangen ist.

- Sie sind gekränkt, weil Sie so erfolgreich sind, aber dennoch für die Anerkennung selbst sorgen müssen.

Wenn Ihnen der eine oder andere dieser Gedanken bekannt vorkommt, kennen Sie Ihre inneren Widerstände. Das kollektive Mantra lautet: »Ich bin kein*e Selbstvermarkter*in. Ich warte lieber.« Sie wollen nicht werden wie jene, die ständig über sich selbst sprechen, Erfolge nur für sich verbuchen, sich nur den Mächtigen gegenüber großzügig und sympathisch zeigen, sich untereinander vergleichen, ohne sich dabei wirklich für andere zu interessieren. Doch das eine geht nicht zwangsläufig mit dem anderen einher: Menschen können sich karrierebewusst verhalten und trotzdem empathisch sein. Der egozentrische Selbstvermarkter ist ein Geistwesen, er wandert in der kollektiven Widerstandsfantasie herum und sobald sich jemand nur ansatzweise so verhält, ist sofort klar: »Ich gehöre zu den Guten und würde so etwas nie tun! Dieses Verhalten lehne ich komplett ab.«

Wenn Sie mit Ihrem Können die Welt besser machen wollen, brauchen Sie Einfluss und Renommee. Sie finden, es braucht eine schnelle Entwicklung von Wasserstoffantrieben für Schiffsmotoren, und arbeiten daran als Softwareentwicklerin erfolgreich und führend mit? Dann müssen Sie das genau so sagen. Nur mit präzisen Worten bieten Sie anderen eine sichere Orientierung, wofür Sie stehen und wohin Sie gehören. Sie können nicht wollen, dass jemand über Sie sagt: »Ich kenne da eine IT-Frau, die hat irgendwie mit Schiffen zu tun und die ist gar nicht so schlecht.« Um Ihr Anliegen in die Welt zu bringen, brauchen Sie klare und große Worte, die einflussreiche Menschen exakt so weitergeben können.

## Wie Menschen sich selbst beschränken oder die eigenen Karrierewünsche sabotieren, ist äußerst trickreich.

Karriereambitionen lösen starke Gefühle aus. Bei Ihnen selbst und bei den Menschen in Ihrer Umgebung. Ständig ändern sich Menschen, aber bei großen Veränderungen, wie dem nächsten Karriereschritt, werden gleichzeitig Zuversicht und Ängste mobilisiert.

Menschen brauchen innere Widerstände, damit sie sich nicht zu viel zumuten. Sie bewahren Sie vor dem Scheitern und vor zu großen Herausforderungen. Manchmal erweisen sich innere Widerstände aber auch als selbstschädigend – und zwar, wenn sie sich mit den Karrieremythen verbinden. Dann können Menschen mit großen Talenten sich von ihren Karrierewünschen abbringen lassen.

## Zwischen mir und meiner Karriere stehe(n) ...

**... ich.** Die eigene Karriere wird mehr von der eigenen Person behindert oder forciert, als Menschen sich vorstellen können. Manchmal erscheint es so, als ob sich Menschen mit aller Kraft gegen ihre Karrierewünsche stemmten. Sie haben das Können, eine Ambition, und dann wollen sie keine Kontakte pflegen, stellen keine Nähe her, halten ihre Vorgesetzten für miese Typen und ihre Unternehmen für rücksichtslos, Veränderungen für verwerflich et cetera. Und dennoch wünschen sie sich nichts mehr, als dass eines Tages erkannt wird, wie gut sie sind und sie endlich befördert und gefeiert werden.

**... vertraute Menschen.** Manchmal gibt es ein regelrechtes Gerangel, um jemanden von seinen Karriereambitionen abzuhalten: »Du willst wegen deiner Karriere nach New York ziehen? Hast du dir gut überlegt, was passiert, wenn du scheiterst?«, fragen Sie besorgte enge Freundinnen und Freunde. Ihre Familie ist in Alarmbereitschaft: »Willst du uns etwa zurücklassen?« »Zurücklassen« ist hier das entscheidende Wort. Es muss als Narrativ aus der Herkunftsfamilie verstanden werden und wirkt wie eine Trance, die Wünsche verschwimmen lässt und Ängste vor dem eigenen Mut mobilisiert. Menschen bleiben ihren Narrativen treu, wenn sie sie nicht erkennen, weil sie ihnen vertraut sind und Sicherheit bieten. Sich daraus zu erheben, ist auch ein Abschied aus der Macht familiärer Dynamik.

Jo Nesbø, der norwegische Krimischriftsteller, hat über Familien- und andere Narrative geschrieben: »Es heißt, dass die Geschichten, die wir uns wieder und wieder erzählen, die mehr oder weniger wahren Berichte über das, was uns und anderen widerfahren ist, der Kitt einer jeden Familie, jedes Freundeskreises, jeder Gesellschaft ist. (Anm. d. Autorinnen: und auch jedes Unternehmens!) Dass diese Geschichten bestätigen, wer wir sind, oder präziser: wer wir sein wollen. Aber wenn das so ist, warum spricht man dann mit viel größerem Enthusiasmus und viel mehr Herzblut über die Niederlagen als über die Siege, in denen wir uns sonnen könnten? Ist es damit zu erklären, dass Niederlagen und Demütigungen stärkere gemeinsame Gefühle wecken? Bindet uns die Tragödie – als eine Art evolutionäre Überlebensstrategie – enger zusammen als der Triumph und erfüllt damit die Kriterien einer guten Geschichte?«[22]

**... untaugliche Karriereaktivitäten.** Manchmal wird die Lösung für einen Karrierestillstand dort gesucht, wo die Karriere erst recht verhindert wird. Wenn eine junge Ingenieurin auf LinkedIn mit viel Mühe Weisheitslehren großer Meister verkündet, hat sie zwar Follower, aber ihre berufliche Ambition wird auf diese Weise nicht gesehen. Auch der freigestellte 40-jährige Vertriebler, der pompös verkündet, dass er jetzt Zeit für sich braucht und er deshalb eine lange Coaching-Ausbildung im Ausland machen wird, findet so keine neue Position. Erkennen Sie die Karrieremythen, denen Sie anhängen und die Sie von weiteren Karriereschritten abhalten!

**... Ehrgeiz.** Menschen aus der zweiten Reihe, in exponierten Positionen oder mit einer erfüllenden Fachaufgabe, die glücklich und anerkannt sind, kommen leicht auf die Idee, auch die nächsthöhere Position meistern zu können. Sie könnten das bestimmt, nur – ist es wirklich der richtige Platz für sie? Es braucht nicht immer den Aufstieg, auch eine horizontale Veränderung kann erfüllend sein.

**... Entertainment.** Wer nicht den Kern des Karrierestillstands erkennt, sondern stattdessen zum Beispiel eine Coaching-Ausbildung bei einem Esoterik-Guru macht, fühlt sich zwar bestens unterhalten, schadet aber seiner Karriere, weil das Renommee fehlt. Diese Beschäftigungen besänftigen das Unterbewusstsein, das einerseits nach Veränderung strebt und gleichzeitig die Komfortzone nicht verlassen will.

**Wie Menschen sich selbst beschränken oder in ihren Karrierewünschen sabotieren, ist äußerst trickreich.**

© Assig + Echter Top Management Ambition Gestaltung www.kunstmine.de

## Die Ausbildungsfalle

Mit einer zusätzlichen Ausbildung bessere Karrierechancen zu haben – dieser Glaube rankt sich bis hinauf in die Geschäftsführungsebene. Die kaufmännische Leiterin macht lieber eine Weiterbildung zur zertifizierten Aufsichtsrätin, weil sie nicht weiß, dass für diese Position ihre Kompetenz längst als erwiesen gilt und die Erfolgswährung dafür eine andere ist: ihre Reputation und viele hochkarätige Kontakte.

Die IT-Spezialistin denkt, sie würde in ihrem Unternehmen nicht befördert, weil sie nur einen Masterabschluss gemacht hat. Hätte sie auch den Doktortitel, wäre sie bestimmt schon längst weiter. Sie wurde neulich von ihrem Personalmanager gefragt, warum sie eigentlich nicht promoviert habe. Außerdem ist sie von promovierten Mathematikern umzingelt, die alle eine höhere Position innehaben als sie. Sie strebt deswegen neben ihrem Job ebenfalls eine Promotion an. Angefeuert wird die Ausbildungsfalle durch Bemerkungen wie diese:

- »Nur noch diese eine Ausbildung, dann kommt die Karriere sofort in Schwung.«
- »Am besten sind die teuren Ausbildungen. Und das Geld dafür holst du im Nu wieder rein, wenn du erst einmal aufgestiegen bist.«
- »Je aufwendiger, desto besser: Was sind schon diese fünf Jahre für die Promotion angesichts deiner Traumkarriere?«
- »Ein Aufsichtsratsmandat bekommen Sie eher, wenn Sie eine Aufsichtsratsausbildung gemacht haben.«

Dass Sie auf der Höhe der Zeit sind, an ihrer Qualität ständig arbeiten, gehört zu Ihrer Ambition. Wenn Sie Ihr Können vervollkommnen möchten, suchen Sie sich eine zu Ihrer Ambition passende Möglichkeit. Das ist sehr oft gar keine Weiterbildungsmaßnahme, sondern eine neue zusätzliche Aufgabe, ein Onlinekurs oder ein Jobwechsel.

## Die Anstrengungsfalle

Es ist eine Gewohnheitsschleife: Arbeit verlangt nach mehr Arbeit und alles wird dem Arbeitsmodus untergeordnet. Das Anstrengungsgehirn fragt nicht: »Wozu sollte das gut sein?« Im Gegenteil, sich Zeit zu nehmen für einen Museumsbesuch oder ein ausführliches Freund*innen-Telefonat, erscheint vor diesem Hintergrund

**Wie Anstrengungen zu Karriereerfolgen führen.**

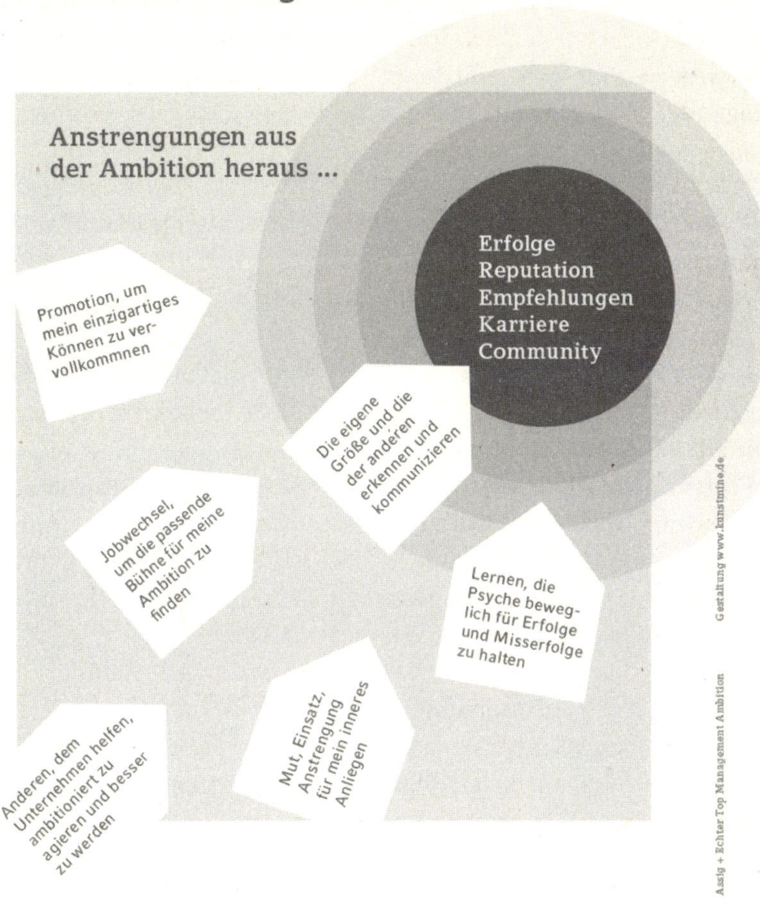

geradezu lächerlich, wenn doch große Themen, Vorträge oder wichtige Entscheidungen warten.

Arbeit beruhigt. Wenn es schwierig wird, sind Sie mit Ihrem Leistungsethos zur Stelle. Weil Sie Sicherheit, Kontrolle und Routine über alles lieben, setzen Sie sich gern Ziele. Diese Anstrengung beruhigt Sie, weil alles in Bewegung ist. Nur Ihre Karriere nicht, dafür bleibt keine Zeit ...

Erst wenn die Anstrengungen zu Lernschritten werden, die der eigenen Ambition dienen, führen sie zu Erfolgen.

Wer die eigene Ambition spürt, wenn auch noch so vage, kennt die Sehnsucht danach, sie ausdrücken zu können und dafür gefeiert zu werden. Wer wollen Sie sein? Wie wollen Sie leben? Was wollen Sie in die Welt bringen? Wohin möchte Ihre Ambition Sie führen?

## Ihre Karrierestrategie: Sprechen Sie großartig über sich selbst. Sprechen Sie noch großartiger über andere Menschen.

In dieser ersten Phase ihrer Karriere können viele Menschen ihre Ambition noch nicht genau oder gar nicht benennen. Sie haben kein persönliches Branding und ihr Können ist noch nicht zu einer einzigartigen Größe geworden. Menschen, die bereits mit 18 oder 25 Jahren große Erfolge erzielen, gibt es natürlich, sie sind jedoch Ausnahmen. Es ist nicht möglich, berufliche Entwicklungsschritte zu überspringen. Es geht zunächst um Lernen, harte Arbeit, Anpassung und die Identifizierung der eigenen Talente.

### Erkennen Sie Ihre Größe

Ihr Können ist so einzigartig, dass andere nicht einmal wissen, dass es diese Fähigkeit überhaupt gibt, geschweige denn, warum sie so herausragend ist. Deshalb brauchen Ihre Mitmenschen ein Erfolgsnarrativ statt Schilderungen von Tätigkeiten. Für dieses Konzeptualisieren und Priorisieren gelten diese Grundregeln:

- Beschreiben Sie Ihr Wirken im Kontext und aus Ihrer Rolle heraus. Kompetenzen wie Team- oder Führungsfähigkeit sind wertvoll für die erste Führungsfunktion, danach nicht mehr.
- Beschreiben Sie Ihr Können ausschließlich positiv, nicht vergleichend, und ohne zu lügen.
- Priorisieren Sie und lassen Sie alle Details weg.
- Wählen Sie ein hohes Abstraktionsniveau.

So zählt Jenni nicht einfach alle Banalitäten und Aktivitäten auf: »Dann bin ich nach Rom gefahren und habe dieses Expertengespräch geführt, und dann habe ich die Konstruktionszeichnung mit Prof. Neumann von der TU durchgesprochen und bin auch noch mal mit den Materialleuten zusammengekommen.« Stattdessen sollte sie lieber sagen: »Unsere Brückenkonstruktion soll nicht nur ästhetisch ansprechend, sondern auch vollkommen sicher sein und Jahrhunderte überdauern. Ich habe jedes Wissen genutzt, um alles zu evaluieren. Jetzt entspricht die Konstruktion meinen Qualitätsmaßstäben.«

Ihr Branding lautet dann: »Brückenkonstruktionen von höchster Ästhetik und sicherster Bauqualität.« Das ist ihr persönlicher Erfolgscode.

Sie schreiben auch nicht kurz: »Hier ist der Vertragsabschluss, den der Aufsichtsrat nur noch unterschreiben muss«, denn dann heißt es nur: »Ja, danke« – und das war's. Wie es richtig geht, hat Dr. Doris Märtin in ihrem wegweisenden Buch *Habitus*[23] beschrieben: welche Bedeutung Sprache als entscheidendes Kapital für den Erfolgshabitus hat – sich sprachlich Raum zu nehmen, ohne überbordende Redelust. Was Sie sagen oder schreiben, ist Folgendes: »Dieser Vertragsabschluss ist in einem äußerst schwierigen politischen Umfeld zustande gekommen. Drei andere hochkarätige Mitbewerber wollten auch diesen Auftrag in Venezuela gewinnen. Mir ist es gelungen, weil ich von Anfang an glaubwürdig in meinen Aussagen war, keinen Druck aufgebaut habe und immer diskret geblieben bin. Ich habe Ruhe bewahrt, weil ich in schwierigen Verhandlungssituationen immer zur diplomatischen Hochform auflaufe. Damit komme ich zu Verhandlungsabschlüssen. Die drei Verhandlungsjahre haben sich für diesen 100-Millionen-Auftrag gelohnt.«

Ihr Branding lautet dann: »reibungslose Verhandlungen für großartige Ergebnisse« oder auf Englisch »smooth negotiations for great results«. Das ist Ihr persönlicher Erfolgscode. Wenn Sie für ein deutsches Unternehmen mit deutschen Kunden arbeiten, etwa im regionalen Mittelstand, muss Ihr Branding zum Beispiel auf LinkedIn oder in Ihrem Lebenslauf deutsch formuliert sein; sind Sie in einer international tätigen Company tätig, ist eine Formulierung auf Englisch oder auch auf Englisch und Deutsch wichtig.

Achim erläutert seinen Erfolg so: »Bereits nach zwei Jahren waren wir wieder in der Gewinnzone – geplant hatten wir dafür jedoch mehr als drei Jahre. Die internen Voraussetzungen und das externe Umfeld für den Turnaround waren äußerst schwierig, aber welches Umfeld ist heute schon leicht? Wir haben äußerst wirksame neue Geschäftsideen entwickelt, die unser Kerngeschäft ergänzen und extrem gut eingeschlagen haben. So hat sich auch unser Kerngeschäft in kurzer Zeit wieder erholt. Mir war es wichtig, auf das Können der Menschen zu setzen, und das hat sich direkt ausgezahlt.«

Sein Branding lautet: »Ressourcen mobilisieren, die Wende gestalten« oder »Multiple resource turnaround«. Das ist sein persönlicher Erfolgscode.

## Sprechen Sie großartig über sich selbst

Decodieren Sie Ihren Erfolg und setzen Sie damit die Anerkennung-für-Erfolge-bekommen-Dynamik in Gang: Die innere Veränderung führt zur äußeren Verhaltensänderung, damit viele Menschen positiv und treffend über Sie sprechen können. Von diesen Gesprächen über Sie in Small Talks, Präsentationen, Telefonaten erfahren Sie nichts. Sie können nicht kontrollieren, wie andere über Sie sprechen. Beeinflussen können Sie es schon. Ihr persönliches Branding ist für Sie selbst eine sichere Verortung und für andere eine Regieanweisung, wie Ihre Arbeit zu verstehen ist.

## Sprechen Sie großartig über andere

Sie wollen empfohlen werden? Dann entdecken Sie Ihrerseits das Können anderer und empfehlen Sie sie. Nutzen Sie die größten Worte, die Ihnen einfallen, sodass Sie die Wahrscheinlichkeit erhöhen, dass diese entdeckt werden, denn so bauen Sie um sich herum ein Erfolgsumfeld auf:

- Bewundern Sie andere in deren Gegenwart oder wenn sie nicht dabei sind.
- Schreiben Sie Bravo-E-Mails und Gratulationskarten. Machen Sie Komplimente.
- Feiern Sie die Erfolge anderer.
- Stellen Sie Menschen einander mit großen Zuschreibungen vor. Verbinden Sie Menschen, die sich kennen sollten.

Eine wirksame Möglichkeit, Gemeinsamkeit herzustellen und gleichzeitig positiv über andere und über sich selbst zu sprechen, ist es, Ihr eigenes Branding auch anderen Menschen zuzuschreiben – es wirkt dann umso stärker als Aussage einer Autorität. Es bedeutet, dass Sie diese Qualität bei anderen beurteilen können. Die Währung für Wertschätzung ist Wertschätzung.

## Denken Sie langfristig

Ist es richtig, ins Ausland zu wechseln? Einen MBA anzustreben oder sich selbstständig zu machen? Ein Buch zu schreiben? Von der Beratung in die Operative oder umgekehrt zu wechseln? Antworten auf diese Fragen gibt nicht losgelöst von Ihrer Karriereambition. An eine amerikanische Universität zu wechseln, ist eine gute Idee, falls – und nur falls! – es dort die wichtigsten Forscher*innen in Ihrem Feld gibt. Als Beraterin zusätzlich zur vorhandenen Qualifikation ein MBA-Studium abzuschließen, scheint dagegen eher in den Bereich »Hobbys« zu fallen.

Der entscheidende Punkt ist, ob eine Veränderung Sie näher mit den wichtigen Persönlichkeiten und Ihren Karrierewünschen zusammenbringt.

In wenigen speziellen Bereichen kann und muss die Karriereentwicklung schnell gehen, etwa im Sport. Hier ist das Leistungsniveau sofort eindeutig zu erkennen und eine Karriere oft mit 35 Jahren bereits beendet. Eine feste Regel gibt es aber nicht. Ambitionierte Menschen halten sich nicht mit Fünfjahresplänen auf, sie nehmen den Prozess an und entwickeln ihr Talent.

# 4. Mythos: Schmeicheln und Schleimen beschleunigen die Karriere

## Wie der Mythos sich zeigt: *»Ich misstraue dem positiven Geschwätz, weil ich es für unehrlich halte.«*

Respekt, Wertschätzung, Chancengerechtigkeit, gute Zusammenarbeit und Selbstausdruck sind Ansprüche, die Unternehmen verwirklichen wollen. Es ist ein ständiger New-Work-Prozess, den Unternehmen forcieren, auch wenn sie ihn noch nicht erreichen. Viele Menschen arbeiten gerne in ihrem Unternehmen. Sie fühlen sich wohl, angenommen und bestärkt. Wenn die intrinsische Motivation bestärkt wird, dann wissen sich Menschen am richtigen Platz, gesehen und wertgeschätzt. Allerdings gibt es auch die Vermutung, dass viele wegen ihres freundlichen Verhaltens – gleich ob es echt oder taktisch ist – gefördert werden statt für ihre Leistung. Und schon gar nicht wollen sie erleben, dass andere mit weniger Engagement es mit ihren Komplimenten und vermeintlichem Nach-dem-Mund-Reden schaffen, Karriere zu machen.

Wer misstrauisch ist, sieht überall »Anpasser«, »Jasager« und »Schleimer«, deren Karrieren gefördert werden. Bei manchen Menschen ist das Misstrauen gegenüber Manipulation so ausgeprägt und tief verwurzelt, dass sie freundlichen Verhaltensweisen grundsätzlich skeptisch gegenüberstehen, Handlungen und Aussagen von Kolleg*innen stets auf Echtheit überprüfen und äußerst empfindlich reagieren, wenn Vorgesetzte auf Lob und Anerkennung positiv reagieren.

Schleimen ist Tricksen, es stört das Gerechtigkeitsempfinden zutiefst. Es ist ein schmaler Grat zwischen launigem Verhalten und unlauterer Vorteilsnahme. Wer mit manipulativen Taktiken durchkommt oder sie als Chef*in geschehen lässt, hat den Konsens des guten Zusammenlebens und -arbeitens verlassen. Das Werteempfinden wird dadurch so beeinträchtigt, dass die Teammitglieder zynisch werden und jegliche positive Aussage zur Kultur eines Unternehmens als lächerlich empfinden, insbesondere wenn ihre Organisation in ihren Kultur-Statements auf »Authentizität« setzt, objektive Beurteilungen und Leistungsvergleiche propagiert und ausgefeilte Führungsrichtlinien proklamiert.

Selbst wenn Unternehmen das Richtige tun wollen, ist es manchmal das Falsche. Sie lassen zum Beispiel von Agenturen wohlklingende Leitgedanken formulieren, die kaum etwas mit der Wirklichkeit zu tun haben, sondern rein auf die Außendarstellung gerichtet sind. Es werden ganze Abteilungen über Monate beschäftigt, sich damit auseinanderzusetzen, bis sie dann zur emphatischen Verkündigung gelangen von: »Hire and develop the best« (die Besten einstellen und entwickeln), »Ownership« (Verantwortlichkeit), »Authentic leadership« (authentische Führung), »Performance pays off« (Leistung lohnt sich) et cetera. Und dann geschieht – nichts. Trotz allerbester Absichten wird auf diese Weise Vertrauen zerstört.

Der Nährboden dieses Karrieremythos ist der illusionäre Gerechtigkeitsanspruch in Unternehmen: »Bei uns lohnt sich Leistung«, »Unsere Vorgesetzten beurteilen und fördern völlig objektiv«, »Die Besten kommen weiter«, »Bei uns sind subjektive Vorurteile und Annahmen jetzt nicht mehr möglich«, »Wir handeln rational«, »Wir sind ausschließlich auf das Wohl der Menschen und des Unternehmens ausgerichtet« et cetera. Eine solche Organisation gibt es nicht und keine noch so pompös formulierten Grundsätze von Zusammenarbeit, Kulturwandel und Führung haben sich je als gerechtigkeitsfördernd erwiesen.

Erfolge und Veränderungen geschehen weit weg von Handbüchern, direkt in der Praxis. Menschen lernen Neues, Erfindungen werden zu Patenten, Vorstände reagieren auf Märkte, Bereichsleiter*innen haben Ideen, Teams gewinnen Kund*innen, eine Pandemie revolutioniert die Arbeit, Branchen verschwinden, neue entstehen. Innerhalb weniger Jahre haben sich die meisten Berufe komplett verändert.

## Der Wunsch nach Gerechtigkeit

Konstruierte Systeme und Maßnahmen definieren in Unternehmen seit Langem, wie der Führungsstil sein sollte oder wie Menschen sein müssten, um erfolgreich zu sein. Zwangsläufig entsteht Verwirrung, denn das Propagierte wird von den Verantwortlichen selbst oftmals nicht beachtet. Sie entscheiden mal so und mal so, scheinbar inkonsistent und undurchschaubar. Daher ist die Wucht, mit der sich Menschen gegen »Schmeicheln und Schleimen« wehren, verständlich. Es ist frustrierend, sich für das Unternehmen anzustrengen, während andere »machen, was sie wollen«, und sich »einfach so« einen Vorteil verschaffen.

Nicht nur Unternehmen wünschen sich Leistungsgerechtigkeit. Auch wer ambitioniert arbeitet und gute Ergebnisse erzielt, will genau dafür anerkannt und belohnt werden. Doch Leistungen von Wissensarbeiter*innen können meistens nicht objektiv gemessen und einer Person oder einem Team zweifelsfrei zugeordnet werden. Die Liste von »Beurteilungsfehlern« bei der Leistungsbeurteilung ist endlos. Fehler werden aus Sympathie oder Antipathie gemacht, etwa wenn Vorgesetzte, die sich an Beurteilungsvorschriften halten müssen, spontan emotionale, subjektive Entscheidungen treffen, und diese dann im Nachhinein durch Daten oder Fakten rationalisieren. Fehler können im Maßstab liegen, der angelegt wird, in mangelnden Beobachtungsdaten, mangelnder Kenntnis der Aufgaben und Situation, mangelnder Selbstkommunikation der zu Beurteilenden, ihrer Selbstüber- oder -unterschätzung, ihrem Einsatz am falschen Ort, oder es kann daran liegen, dass eine Aufgabe schlicht nicht erfüllbar ist, an der Unkenntnis des Verfahrens selbst et cetera.

Unternehmen versuchen zwar, die Beurteilung durch KPIs, also durch Zahlenindikatoren, zu objektivieren, zum Beispiel im Vertrieb generierte Leads (Adressen, Empfehlungen), verkaufte Stückzahlen und Ähnliches als Beurteilungskriterium. Doch auch das geht schief: Ein Vertriebler kann aktuell unterdurchschnittlichen Umsatz machen, aber den zukünftigen Umsatz mit seiner Arbeit verdoppeln. Oder es kann sein Team gewesen sein, das großartig gearbeitet hat – ganz ohne ihn. Oder die Konjunktur war die Ursache und nicht die Leistung. Unsicherheit und Widersprüche überall – das ist der Alltag in sozialen Systemen.

Die Suche nach Wahrheit und Authentizität ist wertvoll für die eigene Identität, aber sie ist kein Karrierekonzept. Auch wenn Sie in den sozialen Netzwerken für Ihre Wahrheits- und Weisheitssuche viel Beifall bekommen, wird das von Ihren Vorgesetzten nicht honoriert. Gibt es die eine Wahrheit? Jeder Blick auf die Welt, die Gesellschaft, das Unternehmen ist geprägt von unterschiedlichen eigenen Erfahrungen. In sozialen Systemen werden Daten und Fakten durch Annahmen, Interessen, Meinungen, Vorurteile und Wünsche überlagert.[24] Aus dieser emotionalen Mixtur entstehen alle Entscheidungen, auch in Unternehmen. Die Illusion einer objektiven Gerechtigkeit führt zu einer doppelten Agenda: der offiziellen, mit einer Vielzahl von Erfassungs- und Bewertungsmaßnahmen, und der gelebten, die sich orientiert an Nähe, Sympathie und der karrierewirksamen Kommunikation. Die positiven Wünsche nach »Gerechtigkeit« sind besetzt von widersprüchlichen Gefühlen, vom Wunsch der Unternehmen, alles gut und richtig zu machen, und von Illusionen aller Seiten. Das kann nicht gut gehen, weil die Ambiguitäten, die Unsicherheit jeder Unternehmenswirklichkeit so verleugnet werden. Sobald es sich um anspruchsvolle Aufgaben oder um den Umgang mit anderen Menschen handelt, wird Leistung immer zusammen mit der Persönlichkeit gesehen.

Wenn Produktionsleiter Claus seiner Vorständin nach einer turbulenten Gesellschafterversammlung eine Karte schreibt, ist das ein Beispiel für die Konzeptualisierung seiner Karriereambition unter Bedingungen der Ambiguität und Unsicherheit: »Liebe Yejin, dein Vortrag letzte Woche war sensationell, ich schätze die von dir klar formulierten, anspruchsvollen Ziele für die Zusammenarbeit von Entwicklung und Produktion.« Dieses Lob ist nicht gelogen, selbst wenn Claus Yejin oft als schwierige, mikromanagende Chefin empfindet. Anfangs sah er es als unangebracht an, dass er sie loben soll, wo er doch selbst kein Lob erhält, obwohl er bis in die Nacht arbeitet. Nun hat er sich jedoch entschieden, über seinen Schatten zu springen und aktiv für seine Karriere zu sorgen. Er zeigt sich als Persönlichkeit, die ein differenziertes Urteil hat und Wohlwollen herstellen kann. Was daraus folgt, ist ungewiss. Sicher ist nur eins: Wenn er den Weg zur Übereinstimmung nicht findet, wird er mit seinen Ambitionen nicht weiterkommen.

Persönlichkeiten passen entweder zur gelebten Kultur eines Unternehmens, einer Abteilung, eines Chefs, einer Chefin, oder eben nicht. Menschen haben selbst die Verantwortung, dies zu erkennen und zu entscheiden, wie sie damit umgehen. Sie können sich anpassen, die Gegebenheiten verändern oder das System verlassen.

Sich im eigenen Feld, im eigenen beruflichen Rahmen leicht und unkompliziert bewegen zu können, ist die Voraussetzung für jede Karriere.

Es ist ein existenzieller Wunsch, ja ein zwingendes Bedürfnis, so gesehen und geschätzt zu werden, wie Sie sind, und nach Ihren Gerechtigkeitsmaßstäben behandelt zu werden. Als Anspruch an andere bleibt dies aber eine unerfüllte kindliche Fantasie. Doch wenn Sie sich bemühen, die Wünsche anderer Menschen nach Wertschätzung zu erkennen und zu würdigen, wenn Sie Ihre innere Rebellion durch Selbstdisziplin und Selbstwirksamkeit ersetzen können, lösen Sie einen positiven Resonanzloop aus (mehr dazu in Mythos 6) und erfahren dann selbst das gewünschte Interesse und die ersehnte Wertschätzung.

## Wie sich der Mythos mit Ihren inneren Widerständen verbündet und Ihrer Karriere schadet: *»Ich finde Komplimente peinlich und beteilige mich nicht an dieser Lobhudelei.«*

Wie konnte das passieren? Wie konnte etwas in Verruf geraten, das auf der ganzen Welt Herzen erwärmt und gleichzeitig das Potenzial hat, nachhaltig Verhalten und Einstellungen zu verändern, also ein wahres Management-Wundermittel ist? Kann es sein, dass es ziemlich schwierig ist, zu loben, und es häufig danebengerät? Dass das Loben eine sehr komplexe Fertigkeit ist?

Das Lob hat einen schlechten Ruf:

- Es sei meist geheuchelt und viel unglaubwürdiger als Kritik;
- es bringe keine Optimierung von Produkten und Prozessen, so wie Kritik;
- es mache Menschen träge;
- es komme von oben herab und sei hierarchisch;
- es verursache Forderungen nach Belohnung, Gehaltserhöhung et cetera;
- wahre Motivation entstehe nie durch Lob, sondern nur von innen.

Lob provoziert ganz unterschiedliche Gefühle, auch weil es oft unbeholfen formuliert ist. Wer Lob nach oben jedoch stets als unecht und taktisch empfindet, kann sich nicht in das soziale Gefüge des Unternehmens einbinden. Vorgesetzte erhoffen sich und brauchen – genau wie Kund*innen, Klient*innen, Mandant*innen – Ermutigung, Lob und Wertschätzung. Doch der innere Widerstand gegen diese Notwendigkeit ist bei vielen Menschen groß. Wozu soll diese Lobhudelei denn gut sein? Der Bedeutungsraum in sozialen Systemen wird gemeinsam entwickelt: Wie sehen wir uns? Wie sehen wir das Unternehmen und die Beziehungen darin? Wo wollen wir hin? Wie sieht Zugehörigkeit aus? Wer möchten wir in diesem System sein? Alle im Unternehmen sind aufgerufen, diese

Rahmenbedingungen formal oder informell immer wieder auszuhandeln.

Die grundsätzliche Identifizierung mit dem eigenen Unternehmen ist die Bedingung für eine Karriere.

## Zwischen Abgrenzung und Zustimmung

Menschen bewegen sich ständig in Widersprüchen, sie sehen die Welt auf eine Weise, andere auf eine andere. Wer davon ausgeht, das Unternehmen sei ungerecht und könne deswegen nicht anerkennend sein, sieht sich nicht in einer aktiven Rolle. Handeln, Entscheidungen, Stimmungen herstellen, das machen immer andere. Dabei bewegen sich Menschen den ganzen Tag zwischen Abgrenzung und Zustimmung, zwischen unzähligen Zuständen und Prozessen! Hunderte Makroentscheidungen gestalten den Tag, die Woche, das Jahr: Machen wir eine Pause? Mit wem trinken wir heute Tee? Soll die E-Mail in cc an den Kollegen? Bedanken wir uns für einen Hinweis oder machen wir darauf aufmerksam, dass er doch etwas veraltet war? Wie ist es zu verstehen, dass ein Teammitglied mich heute nicht gegrüßt hat? War es ein Versehen oder Absicht? Wie ist seine Kritik gemeint – als Hilfe oder Abwertung? Wir entscheiden, wie wir Äußerungen und das Verhalten anderer wahrnehmen und interpretieren. Reagieren wir abgrenzend, urteilend, verurteilend, kritisch, nicht dankend und wertschätzend, hat das Konsequenzen für die Karriere. Wenn Menschen sich nicht als gestaltend, nicht einflussreich empfinden, dann sehen andere Menschen sie auch so: ohnmächtig.

Claus will weiter Karriere machen, doch gleichzeitig ist seine innere Abwehr aktiv. Er fragt sich:

- »Ist es denn gerecht zu loben, wenn ich selbst niemals ein Lob erhalte?«
- »Ist es gerecht, jemanden zu loben, der weniger arbeitet als andere?«
- »Was, wenn Yejin mein Lob übertrieben findet?«
- »Ist mein Lob nicht irgendwie peinlich? Loben ist bei uns ja eigentlich gar nicht üblich.«

- »Stelle ich mich damit nicht über die gelobte Person?«
- »Ordne ich mich damit nicht zu sehr unter?«
- »Bedeutet mein Lob überhaupt jemandem etwas?«
- »Was, wenn es die reine Lüge ist?«
- »Sollte nicht die Anerkennung in der Arbeitsfreude selbst liegen?«
- »Ist es nicht eine Anmaßung, die Qualität von jemandem beurteilen zu wollen, sei es auch positiv?«
- »Und überhaupt: Ich will es durch Leistung allein schaffen.«

Claus hat Gedanken und Gefühle. Er kann ihnen die Regie überlassen und negativ reagieren oder sich großzügig, positiv und unkompliziert verhalten. Er entscheidet sich für Letzteres. Und das Resultat? Seine Chefin freut sich über das ehrliche Kompliment und bittet ihn daraufhin hinsichtlich ihrer geplanten Neuausrichtung aller Produktionsprozesse um seine Einschätzung.

## Angemessene Reaktion durch Rollenflexibilität

Es gibt so viel mehr Haltungen, als gekränkt zu sein, wenn jemand meint, ungerecht behandelt zu werden, zum Beispiel:

- **Neugierde**: »Oh interessant! Spannend!«
- **Experimentierfreude:** »Vielleicht probiere ich es einmal aus …«
- **Wissensdurst:** »Kann ich etwas lernen? Gern!«
- **Neutralität:** »Das hat nichts mit mir zu tun. Ich bleibe einfach freundlich und wohlwollend.«
- **Gelassenheit:** »Mich interessiert gerade etwas ganz anderes, und zwar …«
- **Desinteresse:** »Keine Ahnung, wie das gemeint ist, interessiert mich auch nicht.«

Je rollenflexibler Menschen sind, umso selbstbestimmter ist ihre Reaktion. Sie haben ein vielfältiges Repertoire: mal sensibel, fragend, angepasst, mal gleichgültig, mal freundlich, begeistert, mal nichts davon. Sie bewegen sich in einem unbeschwerten Universum aus

»ja«, »nein«, »egal«, »probiere ich aus« und »oh wie interessant«. Sie haben wenig soziale Ängste, sind rollenvariantenreich – mal als Kollegin, mal als Kunde, dann als Beraterin oder Chef. Sie pflegen ihr flexibles Mindset. Sie beharren nicht, irren sich, ändern ihre Sichtweise, entschuldigen sich, lernen dazu und sind stets offen für neue Erfahrungen. Ganz anders, als es das Alltagswissen um erfolgreiche Menschen suggeriert. Natürlich sind sie auch hart und bestimmt, aber nicht als soziale Wesen, sondern in ihrer Funktion und Rolle.

Loben setzt voraus, andere Menschen idealisieren zu können. Sich anderen Menschen positiv zuzuwenden, vielleicht gerade denjenigen, die vermeintlich ungerecht sind, ist nicht einfach. Das Ego muss dazu die – eingeübte, aber stets enttäuschende – Haltung »mir meine Gerechtigkeit!« aufgeben. Die Abwehr rebelliert: »Nein, so bin ich nicht, ich schleime nicht und passe mich nicht an.« Doch berufliches Weiterkommen erfordert Rollenflexibilität.

Eigene Abwehrmuster zu erkennen, ist ein großer Aufwand für die Psyche, die sich immer als richtig, wahr, authentisch und gerecht empfindet.

Die Schwierigen sind dann immer die anderen. Zu erkennen, dass man selbst manchmal schwierig auf andere wirkt, erfordert ernsthaftes Zuhören, Selbstreflexion sowie Einfühlungsvermögen in andere Menschen. »Sich aktiv auf ein Gegenüber einlassen, also wirklich verstehen wollen, worum es dem Gegenüber geht, macht dagegen Mühe.«[25] Leichter ist es, sich voller Empörung aufzulehnen. »Denn: Reden wird neurowissenschaftlichen Studien zufolge oft als [...] belebend empfunden. Insbesondere wenn Personen über sich selbst reden, werden ähnliche Hirnareale aktiviert wie durch Nahrungsaufnahme, Geldgewinne oder Sex. Auch Schimpfen ist mit der Ausschüttung von Endorphinen verbunden. Sich Luft zu machen, bringt Laune.«[26]

## Soziale Abgrenzung

Manchmal ist der Wunsch nach Anerkennung und Zugehörigkeit im beruflichen Feld da und wird gleichzeitig durch eigene – manchmal winzige – Abgrenzungsreaktionen sabotiert. Mick ist schnell und zuverlässig, aber gleichzeitig chronisch überlastet, weil alle ihm ihre schwierigsten Aufgaben anvertrauen.

- »Mick, kommen Sie mit auf einen Kaffee?« – »Ach, nein danke, ich hatte schon zwei.«
- »Hallo Mick, wollen wir mal schauen, wie wir für uns beide die Vertretungsregelung hinkriegen?« – »Später, ich habe gerade keine Zeit.«
- »Hi, Mick, ich sammle für Josefas Jubiläum.« – »Ich habe ihr schon etwas geschenkt.«

Solche Antworten kommen dem viel beschäftigten Mann häufig über die Lippen und allmählich bleiben die Einladungen aus. Mick vermutet daraufhin schon bald Ungerechtigkeiten – und das überall: »Da war ich schon wieder nicht eingebunden.«

»Keine Zeit«, »viel Arbeit«, »kenne ich schon, hab ich schon« – so etwas ist schnell gesagt und stimmt oft auch. Es ist dennoch eine soziale Abgrenzung, die schädlich für Ihre Karriere sein kann. Wenn Abgrenzung in Ihrem beruflichen Leben zur Gewohnheit wird, tun sich eben andere zusammen und plaudern, stimmen ab, feiern ohne Sie. Wohlwollen wird dann übersehen, positive Resonanz und Anpassungsleistungen trotzig abgelehnt. »Die rutschen doch schon auf ihrer eigenen Schleimspur aus.« Oder das Ego interpretiert die eigene Haltung auftrumpfend: »So bin ich eben.« Diese So-bin-ich-eben-Attitüde hält viele Menschen davon ab, sich zugehörig zu fühlen, auch wenn ihnen alle Türen weit offenstehen. So ergeht es vielen fachlich herausragenden Menschen, die so schwierig im Umgang sind, dass kein Weiterkommen möglich scheint. Denn jedes freundliche Wort gilt als Einschleimen, jede Anerkennung für Vorgesetzte als Anpasserei.

»Wir gegen die da oben« führt zu einem mühsamen Miteinander und ist eine Karrieresackgasse. Viele Argumente sind gar keine, sondern lediglich ein Ausdruck emotionaler Abwehr. Das gilt auch für das Schmeicheln-und-Schleimen-Argument, das moralische Überlegenheit ausdrücken soll und direkt in die Isolation führt.

## Widersprüchliche kollektive Urteile

Viele Menschen tragen widersprüchliche kollektive Urteile über Karrieren in sich: Bewundert wird die souveräne Erfolgspersönlichkeit, abgelehnt wird der »beflissene, bettelnde Streber«. Der Weg an die Spitze wird allenfalls im Nachhinein glorifiziert. Hier zeigt sich, dass die Aufstiegsdurchlässigkeit historisch gesehen ein neues Phänomen ist und deshalb immer noch mit Argwohn betrachtet wird, denn der »Streber« kommt nicht aus der Elite, sondern hat sich als »Emporkömmling« den beruflichen Aufstieg selbst erworben.

Auch soziale Ängste verbünden sich mit dem inneren Widerstand und können das Mitschwingen in einem unbeschwerten Miteinander zu einer unüberwindlichen Hürde machen. Sich die eigene Unbeholfenheit in einer hochkarätigen Gesellschaft einzugestehen, ist ein emotionaler Kraftakt. »Kann ich ein solches Kompliment aussprechen oder ist es unangebracht? Zu klein oder zu groß? Oder vielleicht sogar zu banal? Wirkt meine Freundlichkeit echt? Erscheinen nicht Ernsthaftigkeit und eine kritische Sicht kompetenter, gerade für mich als Frau? Wird mein Lob womöglich als Flirten missverstanden?« Menschen verbergen diese sozialen Ängste oftmals vor sich selbst und stattdessen werden andere diskreditiert, die »so ein glattes Dauerlächeln« tragen. Deren Verhalten wird einer ständigen misstrauischen Beobachtung unterzogen. Dieses Fremdheitsgefühl in der beruflichen Community, sei es die Gemeinschaft erfolgreicher Manager*innen, Selbstständiger, Wissenschaftler*innen, Künstler*innen oder Medienschaffenden, führt zu trennendem Verhalten und damit zu immer größerer Distanz. Dann möchte jemand beeindruckend sein und beweisen, dass alle anderen nicht gut genug sind und bislang alles falsch gemacht haben – vor allem Vorgesetzte, Chef*innen, Meinungsführer und Unternehmer*innen. Dann verbündet sich der »Schmeicheln-und-Schleimen«-Mythos mit dem von den »narzisstischen Egomanen in den Chefetagen« (siehe Mythos 1). Die ewige Mär über Steve Jobs und andere schwierige Persönlichkeiten, die trotz ihres unangemessenen Verhaltens sehr erfolgreich geworden sind, verhindert die Entwicklung eines angemessenen Repertoires. Dabei hat auch Steve Jobs zum Ende seines Lebens reflektiert und erkannt, wie trennend sein Verhalten war, wie beleidigend, und hat es bedauert.

## Ihre Karrierestrategie: Erkennen Sie Ihre eigene Haltung

Claus hat dazugelernt. Zunächst ohne große Hoffnung auf eine Reaktion, hat er seine Chefin gelobt für etwas, das er tatsächlich gut fand. Die beiden sprechen mittlerweile öfter miteinander. Seine Selbstdisziplin, gute Motive zu unterstellen, und seine Neugierde wachsen. Er weiß jetzt, dass in einem sozialen System nicht immer jede Person gerecht behandelt wird. Auch er selbst kann das nicht leisten. Er fragt sich nicht mehr, ob sein Lob vielleicht nicht gut ankommt oder unangemessen sein könnte. Stattdessen probiert er das Loben aus. Er bietet anderen unkomplizierte Wertschätzung an und bekommt sie meist zurück. Er hat bisher noch nie erlebt, dass jemand sein Lob oder Kompliment als übertrieben eingeschätzt hätte.

Zudem ist Claus klar geworden: Wenn jedes Lob abgewehrt, jedes Kompliment lächerlich gemacht und jeder freundliche Dank verhöhnt wird, wie sollten in dieser Stimmung Selbstbewusstsein, Erfolgsbewusstsein und Flow wachsen? Wie sollten Höchstleistungen und Karrieren gedeihen? Woher sollten Anerkennung und Wertschätzung für die eigene Leistung kommen? Ungerechtigkeiten wird er nicht verhindern können, auch Begegnungen mit schwierigen Persönlichkeiten nicht. Er weiß nun aber, dass alles bei ihm selbst beginnt, der Erfolg ebenso wie das Scheitern. Er hat seine Perspektive gewechselt. Sein Ziel ist seither Wohlwollen.

So verhalten sich erfolgreiche Menschen, damit ihre Karriereambitionen positiv aufgenommen werden: als Freund*in, als Gast, interessiert wie bei den Schwiegereltern, lobend wie bei den Schulkindern zu Hause, Komplimente werfend wie bei einer Gartenparty, Positives unterstellend wie bei einer Bewerbung oder im Kundenkontakt. Ihr Leben und ihr Aufstieg sind leicht. Sie grübeln nicht lange, wie ihre Freundlichkeit bei den Mitmenschen ankommen könnte, welche Folgen sie hätte, ob sie Neid und Missgunst nach sich ziehen würde oder was andere von ihnen denken könnten. Sie gönnen anderen schlichtweg ihre Erfolge. Sie bleiben bei sich und ihren Zielen und sind konsistent in ihrer wohlwollenden Ambition- und Karrierrolle, in jeder Situation. Sie bleiben dabei, weil sonst ihr Leben zu kompliziert würde.

## Reflektieren Sie Ihr Verhalten

Was könnte sich bei Ihnen hinter dem Misstrauen oder der Abwehr positiver Resonanz verbergen? Sind es schlechte Erfahrungen, die Sie gemacht haben, wenn Sie jemanden gelobt, jemandem einen Gefallen getan, sich angepasst haben oder freundlich gewesen sind? Haben Sie Ihren Blick zu sehr auf negative Führungskräfte gerichtet und dabei übersehen, wer Ihnen Angebote gemacht, Sie gefördert, Ihnen Komplimente gemacht, Chancen geboten oder wichtige Informationen gegeben hat? Haben Sie dieses Wohlwollen bemerkt? Haben Sie ihnen nicht gedankt und deshalb auch nie wieder etwas von diesen Personen gehört? Haben Sie ihr Wohlwollen und ihre Förderungen innerlich abgewertet, und gedacht: »Das gehört ja sowieso zu ihren Aufgaben«, »Dafür wird er schließlich bezahlt«, »Sie konnte selbst ja nicht hingehen, nur deshalb hat sie mich für dieses Event vorgeschlagen« et cetera?

Vincent hatte eine sehr freundliche Karte von seiner Chefin ins Krankenhaus erhalten, als er am Knie operiert wurde. Doch er dachte: »Na klar, sie schreibt mir, weil sie sicherstellen will, dass ich subito wieder im Büro bin.« Doch nachdem er gelernt hat, die Codes für Wohlwollen zu erkennen und für seine Karriere zu nutzen, weiß er: »Meine Chefin ist deshalb so erfolgreich, weil sie ihre Wertschätzung ausdrückt, ob mit oder ohne Hintergedanken.« Und er macht es nun genauso.

Überprüfen Sie Ihr »Gerechtigkeitsempfinden«: Gibt es tatsächlich Schuldige? Sind Sie wirklich ein ohnmächtiges Opfer? Wie viel Gerechtigkeit und Wertschätzung lassen Sie Ihren Chef*innen zukommen? Realisieren Sie aus Ihrer neuen Perspektive heraus, wie schwierig sich Gerechtigkeit als Prinzip im Unternehmensalltag verwirklichen lässt. Nehmen Sie das Bemühen Ihrer Vorgesetzten und des Unternehmens wahr, das Beste für Sie zu tun und »leistungsgerechte Systeme« zu etablieren, die zwangsläufig hinter allen Erwartungen zurückbleiben müssen.

Entwickeln Sie zudem ein Gespür für die unterschiedlichen Interessen in einem Unternehmen. Versetzen Sie sich in die Personen an der Spitze, empfinden Sie deren widersprüchliche Situationen und Aufgaben nach.

Wenn Claus eine Präsentation für Yejin erstellt, die diese den Investoren vorstellt, war bisher sein Ehrgeiz, alles korrekt, fachlich richtig und ehrlich darzustellen. Darüber stritt er sich mit Yejin oft und hielt sie für inkompetent, weil sie seiner Meinung nach seine wunderbare Logik in den Folien verhunzte. Heute weiß er: Es gibt keine korrekte Darstellung. Heute ist sein Bestreben, seine Chefin gut aussehen zu lassen. Claus fragt sich: »Was kann ich für sie tun? Welche Faktoren spielen neben dem Fachlichen eine Rolle?« Seine Ergebnisse:

- dass sie alle Investor*innen mit Namen und Lieblingsthema kennt und ansprechen kann. Das notiert er alles für sie.
- dass sie sehr kurz präsentiert. Er bereitet daher eine Kurzversion und eine längere Fassung vor.
- dass sie unterhaltsam ist. Das besprechen sie gemeinsam und Claus bringt seine Ideen ein.
- dass sie Komplimente macht. Auch dafür unterbreitet er von sich aus Vorschläge.

Doch das reicht noch lange nicht. Was ist Yejins Realität? Sie muss jede*n Einzelne*n würdigen und wertschätzen und auch ihre Kolleg*innen gut aussehen lassen. Kritik muss sie schlicht überhören und wegstecken, die Erwartungen anderer erfüllen. Der Kommunikationschef hat sie diesbezüglich gebrieft: Es ist entscheidend, dass nicht die kleinsten negativen Botschaften geäußert werden, kein Gerücht, kein Konflikt aus dem Inneren des Unternehmens nach außen dringt. Die HR-Chefin möchte darüber hinaus einen neuen jungen Topmanager unbedingt mit einem eigenen kurzen Beitrag im nächsten Meeting sehen, damit er Erfahrung gewinnt. Yejins Kollege, der Finanzvorstand, ist mit einem der Investoren verwandt (Achtung: Schwiegervater-Alarm!) und möchte daher eine besonders glänzende Figur machen. Er achtet also verstärkt darauf, ob es vielleicht ein kleines Zahlenmissverständnis in Yejins Vortrag gibt, das er dann auf brillante Weise richtigstellen kann. Und so weiter. Das ist Yejins Realität – und dann hatte sie auch noch mit diesem sperrigen Deutschen zu tun: Claus, der immer etwas zu kritisieren hatte. Aber mittlerweile ist das zum Glück ganz anders.

## Werden Sie persönlich

Vertrauen ist ein Resonanzprozess. Das bedeutet, Sie schenken allen Menschen das Vertrauen, dass sie das Beste geben, dessen sie fähig sind. Als Resonanz erhalten Sie das Vertrauen der anderen. Ihre Karriere braucht viele andere Menschen, die Ihnen wohlgesonnen sind. Diese Stimmung auszulösen, das ist Ihr Part beim Karrieremachen.

- Sie wünschen sich, dass Ihre Leistung gewürdigt wird? Dann würdigen Sie die Leistung anderer. Geben Sie Anerkennung. Alle Teammitglieder leisten etwas, das für das Unternehmen wertvoll ist.
- Pflegen Sie einen unvoreingenommenen Blick auf Ihre Kollegen und Chefs, Inhaberinnen, Vorstände, Geschäftsführerinnen und Investoren. Welche positiven Motive stecken hinter deren Entscheidungen?

- Zeigen Sie Interesse, fragen Sie sie: »Wie geht es Ihnen mit diesem Projekt?«, »Was treibt dich an für unser Unternehmen?«, »Was braucht das Unternehmen aus Ihrer Sicht am dringendsten?«, »Wie geht es dir?«. So erfahren Sie Neues und Vermutungen werden zu Interesse, werden zu Verständnis und schließlich zu Wertschätzung.
- Loben Sie andere für etwas, das Sie wirklich gut finden und das diese Person auch an sich selbst gut findet und gern hören würde. Ein Lob ist umso wirksamer, je konkreter und größer es ist. Wenn Sie noch ein*e Lob-Anfänger*in sind, wundern Sie sich nicht: Ein Lob kann nie groß genug sein, wenn es den richtigen Punkt trifft. Sie lügen nicht, Sie verschweigen nur die negativen Dinge und äußern die positiven.
- Menschen verändern ihr Verhalten in Richtung des Lobs, nicht in die Gegenrichtung der Kritik. Bei Kritik kommt es in der Regel zu subtiler Abwendung, Rechtfertigung, Gegenangriff und Rückzug.
- Loben bedeutet hingegen immer, persönliche Nähe herzustellen.
- Loben Sie auch Personen, die gerade nicht anwesend sind, und stellen sie deren Leistung heraus. Das macht Sie sympathisch und schafft ebenfalls Nähe.

## Steuern Sie durch Lob das Verhalten

Kritik gilt als legitim, als Zivilcourage und Bürgerpflicht: »Das muss doch mal gesagt werden!« Das eigene Wissen ist schließlich wahr. Menschen, die Kritik üben, meinen es doch nur gut. Sie wollen Verbesserungen erreichen. Doch Kritik beflügelt die Menschen nicht, im Gegenteil: Sie kränkt nachhaltig – selbst dann, wenn sie explizit eingefordert wurde. Das Gehirn dreht dann unendliche Schleifen, singt Rechtfertigungsarien, malt sich Andere-machen-die-Fehler-Szenarien aus, inszeniert Beschwörungen des Rechthabens, schmiedet Rachepläne et cetera und ist damit völlig ausgelastet. Manchmal für sehr lange Zeit. Je mehr Kritik geübt wird, umso größer wird die Selbstgerechtigkeit auf beiden Seiten. Es bleibt dann kein Platz mehr für Neugierde, Fantasie, Ideen, Mut, Großherzigkeit, Intelligenz, Weitsicht oder Klarheit. Bis hin zum Stillstand und zur Passivität. So entstehen innere Kündigungen.

Selbst wenn jemand nicht von der Kritik betroffen ist, sondern sie nur miterlebt, löst sie unangenehme Gefühle aus: Abwehr, Peinlichkeit, Ärger und manchmal sogar Scham. Wenn dagegen gelobt wird, herrscht allseits gute Laune. Es folgen mehr Anerkennung und noch mehr Lob. Daher gilt: Lob muss spezifisch sein. Wenn auf die richtige Weise gelobt wird, gibt das Lob perfekte Orientierung dafür, wie etwas gemacht werden soll.

Wenn hingegen falsch oder nur vermeintlich gelobt wird, ist Misstrauen verständlich. Hier ein paar Beispiele:

- **Ein Lob, das mit einer Bitte verbunden wird:** »Keine hat so wunderbare Ideen für unsere gemeinsamen Treffen wie Sie. Bitte entwickeln Sie doch auch diesmal wieder eines Ihrer genialen Konzepte.«
- **Ein Lob, in das Kritik eingebettet ist:** »Sie führen Ihr Team wirklich effektiv. Nur letzte Woche hat der Output mal nicht gestimmt. Aber diese Woche: top!«
- **Ein Lob, das eine Abwertung enthält:** »Für eine Frau war das wirklich große Klasse!«
- **Ein Lob für etwas vollkommen Banales:** »Alle Achtung, das haben Sie treffend wiederholt.«
- **Ein Lob, das wie eine Beleidigung klingt:** »Vielen Dank, Sie haben meine Idee in ziemlich einfachen Worten ausgedrückt.«
- **Ein Lob, das wie eine Kritik klingt:** »Das ist Ihnen heute richtig gut gelungen.«

Loben Sie stattdessen so:

- **Persönlich und direkt:** Ein Lob wirkt dann, wenn es an die gelobte Person oder Gruppe direkt gerichtet ist, auf deren konkrete Leistungen oder konkretes Verhalten eingeht. Je präziser ein Lob ist, umso besser.
- **Ausschließlich positiv:** Der Vergleich mit früher, mit anderen, mit noch Besserem nimmt jedem Lob die Wirkung. Gleiches gilt für versteckte Kritik oder subtile Abwertungen.

- **Besser sofort:** Wenn ein Lob umgehend geäußert wird, verstärkt es das gelobte Verhalten ganz besonders.
- **Ohne Hintergedanken:** Ein Lob ist ein Lob und keine versteckte Bitte oder Forderung.
- **Selektiv authentisch:** Es wird nicht gelogen, lediglich das Positive gesucht und besonders betont.
- **Große Worte:** Banales oder Selbstverständliches haben im Lob nichts verloren, die Gelobten sollten sich damit großartig fühlen.
- **Sehr große Worte:** Ein Lob für Aufsichtsratsvorsitzende, Chefredakteur*innen, Kommissionspräsidenten und Unternehmer*innen des Jahres braucht sehr große Worte, die ihr Wirken spiegeln: »wegweisend«, »vorbildlich«, »einzigartig«, »großartig«, »spektakulär« sind angemessene Vokabeln in diesem Zusammenhang.

Wenn Sie sich nun denken: »Und wer lobt mich?«, beginnen Sie damit, andere zu loben. Sie werden erleben, dass Sie dadurch das Tor zu Lob und Wertschätzung weit öffnen.

## Erkennen Sie Ihre Bedeutung

Wenn wir das große Ganze sehen, die weltweiten Herausforderungen, die Transformation der globalen Unternehmen und Institutionen, dann wissen wir: Es ist immer die einzelne Person, die den Unterschied macht. Jede und jeder Einzelne, ob in der Gruppe oder allein. Es ist diese beschwingte Stimmung der Verbundenheit, die sich zwischen Menschen ausbreitet, wenn sich alle ohne Vergleiche – unvergleichlich! – geachtet fühlen. Sie empfinden ihre intrinsische Motivation noch intensiver. Ob jemand Veränderungen mitgehen will oder nicht, ob jemand das eigene Talent und Können einbringt oder nicht, hängt mit Lob zusammen. Lob fördert also Höchstleistungen.

Loben ist universell, es wird überall auf der Welt verstanden. Es ist ein prosoziales Verhalten, es wirkt reziprok, es löst auch beim Lobenden positive Wirkungen aus. Selbst wenn es abgewehrt wird, ist Lob wirksam.

Chefinnen und Chefs sind Menschen, keine Algorithmen.

Auf dem Weg zu Verbundenheit und Vertrauen geht es darum, Gemeinsamkeiten zu entdecken, zu bestätigen und gemeinsam zu lachen. Werden sich Menschen durch gegenseitige positive Signale immer sympathischer, so erreicht das synergetische Spiel der Bindungshormone die nächste Phase. Sie inspirieren sich und verbringen gemeinsam eine gute Zeit. Sie unterstützen sich über Grenzen und Widerstände, über Hindernisse, Pech und Scheitern hinweg. So wächst der Erfolg und ihre Karrieren auch.

Höchstens 10 Prozent der sprachlichen Kommunikation im Berufsleben sind inhaltlich von Bedeutung. 90 Prozent sind Zugehörigkeits- oder Abgrenzungssignale, selbst wenn fachliche Inhalte zur Sprache kommen. Etwas zu klären, zu bewerten, zu objektivieren oder zu analysieren – im reinen Fachgespräch geht das für eine kurze Zeit gut, wenn sich sowieso alle einig sind. Für Ihren Karriereerfolg ist das aber keine gute Idee. Da geht es vielmehr ums Einschwingen und sich der Gemeinsamkeit zu versichern, indem Sie Zugehörigkeitssignale bieten. Etwa: »Wir sehen das genauso, weil wir zusammengehören« oder »Wir sehen das so unterschiedlich, weil wir beide das Beste für unser Unternehmen wollen«. Idealisieren Sie andere Menschen. Sehen Sie das in anderen, was sie in Ihnen sehen sollen.

# 5. Mythos: Karriereplanung ist Sache des Unternehmens

## Wie der Mythos sich zeigt: *»Karriere? Darum muss ich mich nicht kümmern. Das Unternehmen wird schon wissen, was gut für mich ist.«*

Dieses Narrativ galt so lange, wie es keinen Sinn hatte, eine eigene Karriere aufbauen zu wollen, weil es für die meisten Menschen schlichtweg unmöglich war. Dieses Gefühl wirkt bis heute nach. Wirtschaftsgeschichtlich waren die Wege an die Spitze lange Zeit durch die Gesellschaft vorbestimmt. Noch in den 1980er-Jahren – also vor nur 40 Jahren – regierten in deutschen Konzernen traditionell überwiegend Nachkommen aus Unternehmer- oder Adelsfamilien, Söhne des Großbürgertums und hochrangige Ex-Politiker oder Ex-Militärs. Die Arbeit des Eliteforschers Michael Hartmann zeigt, dass in den 1990er-Jahren deutsche Topmanager (von Topmanagerinnen sprach man damals noch nicht) fast ausschließlich aus den oberen Klassen und Schichten stammten.[27] Den individuellen Ambitionen aller anderen waren immer noch sehr enge Grenzen gesetzt. Genau wie es Beamte der unteren Laufbahn gerade mal bis in die mittlere Laufbahn schaffen konnten, so wurde ein Ingenieur aus einfachen Verhältnissen, der dank des sogenannten Honnefer Modells (zurückzuzahlendes staatliches Stipendium) hatte studieren können, allenfalls leitender Ingenieur, Büro- oder Laborleiter.

Dass es heute echte Aufstiegschancen gibt und es tatsächlich etwas bewirkt, die Karriere in die eigenen Hände zu nehmen, ist der antiautoritären Bewegung der 1960er-Jahre zu verdanken sowie den darauf folgenden kulturrevolutionären Partizipationskämpfen in Politik, Gesellschaft und Wirtschaft. Sie sorgten für zunehmende Chancengerechtigkeit für Menschen aus der »Unterschicht«, für »Randgruppen«, für Frauen, für Unangepasste und Eigenwillige. Unternehmen, insbesondere im Bereich Personalmanagement, griffen den Teilhabe- und Mitbestimmungsgedanken auf und leisteten Pionierarbeit. Dank der Erfindung und Durchsetzung ihrer »objektiven« Tests, Assessment-Center, Kompetenzanalysen, internen Fortbildungen und Karrierepfadplanungen erreichten sie, dass sich erstmals der Blick auf die Talententwicklung Einzelner richten konnte, unabhängig von der sozialen Herkunft.

Diese Arbeit war über Jahrzehnte verdienst- und wirkungsvoll, doch mittlerweile ist sie durch kontrollwütige Regelungen weit über das Ziel hinausgeschossen und zeigt seit dem letzten Jahrzehnt gegenteilige, sogar das Wachstum behindernde Auswirkungen. Sie gängelt Menschen, verhindert die Talententwicklung und bremst Höchstleistungen aus. Allmählich kündigt sich eine andere Entwicklung an, und zwar die Erforschung der individuellen, unvergleichlichen Ambitionen, diese zu ermutigen und die Eigenregie zu unterstützen.[28] Durch das Konzept des New Work wurde dieser Prozess forciert.

Arne hat in Stockholm Architektur und Energiewirtschaft studiert und bewirbt sich bei einem internationalen Konzern für Großanlagenbau. Er will Karriere machen und fragt Erika, die die ersten Auswahlgespräche mit ihm führt, welche Entwicklungsmöglichkeiten es im Unternehmen für ihn gebe.

Darauf hat Erika prompt eine Antwort, denn die Organisation hat exakte Karrierepfade ausgearbeitet, die im Organigramm farbig unterlegt sind. Die nach oben führenden Linien sind mit zahlreichen Kästchen und Kreisen geschmückt: »Onboarding-Event«, »Grundkurs 1: Unternehmenskultur«, »Grundkurs 2: Nachhaltigkeit« bis hin zu »Grundkurs 10: Die erste Führungsaufgabe«. Desgleichen für Englisch und Spanisch, Immobilienwissen, Projektmanagement, Betriebswirtschaft für Architekten, Kommunikation, Zusammenarbeit, Managementwissen und vieles mehr. Arne ist beeindruckt.

Er möchte allzu gern glauben, dass er sich nun voll und ganz auf seine Leidenschaft konzentrieren kann: sich für die Nachhaltigkeit im Bauprozess von Großvorhaben zu engagieren. Für seine Karriere ist schließlich gesorgt – so das Versprechen und das Selbstverständnis des Unternehmens. Der Fachkräftemangel heizt den Wettbewerb der Karriereversprechungen an, die vielfach nicht eingelöst werden können. Der Wille ist da, aber dann kommt der neue CEO, die Branchenkrise oder was auch immer dazwischen. Neue Pläne werden mit neuen Personalmanager*innen für neue Ausgangssituationen geschmiedet. Doch der Mythos gedeiht.

Organisationen suchen die Besten und wollen sie fördern. Sie beschäftigen große interne und noch größere externe Beratungsteams, um all diese schönen Pläne wahr werden zu lassen. Sie geben Milliarden dafür aus, dass ihre Mitarbeitenden die beste Förderung genießen und ihre Karriere schwungvoll nach oben verläuft. Das ist zumindest der Plan. Doch er geht nicht auf.

Berufliche Weiterbildung ist eine Industrie. Den Auftrag, solche Maßnahmen in einem Unternehmen in großem Stil anzubieten, bekommt aus einem Sicherheitsbedürfnis heraus am ehesten ein Weiterbildungsunternehmen mit einem sehr großen Namen, dann muss sich hinterher niemand Vorwürfe machen, wenn die Weiterbildung misslingt. Oder es werden diejenigen engagiert, die früher schon immer »im Sinne des Unternehmens« trainiert haben – also Buddys und Abhängige. Oder das Unternehmen möchte alles kostensparend mit »Bordmitteln« machen, sprich mit internen Fachleuten, die zuallererst den Unternehmenszielen und ihrem Management verpflichtet sind, nicht den Karrieren von Beschäftigten. Das heißt, alle Maßnahmen orientieren sich am Unternehmenswohl, und manchmal wird selbst das vergessen, wenn unternehmensinterne Konferenzen zur reinen Unterhaltung werden, die vor allem gefallen soll. Bloß keine Konfliktthemen wie Personalabbau oder einen Umzug in eine andere Stadt ansprechen. Bloß keine persönlichen Statements von einzelnen Vorständen einplanen, weil wegen der anstehenden Übernahme alles total geheim ist. Bloß keine substanziellen Inhalte, denn – tja, welche denn? Es ist ja alles im Fluss … Da werden lieber Comedians engagiert, Quiz-Events oder Wettbewerbe organisiert, Stars eingeflogen, technische Spielereien vorgeführt oder Geschenke verteilt. So haben alle zu Hause in der Familie etwas zu erzählen. Relevanten Erkenntnisgewinn gibt es hingegen nicht, weder für die Entwicklung des Unternehmens noch für die individuellen Karrieren.

Mitarbeitende bekommen unzählige – freiwillige oder verpflichtende – Angebote zur Talent- und Kompetenzdiagnose, zu Fortbildung, Weiterbildung oder fachlicher und persönlicher Entwicklung. Ab dem mittleren Management können sie an spannenden internationalen Konferenzen an spektakulären Orten teilnehmen, oder an mehrtägigen Seminaren, bei denen ihre Topmanager*innen sie bei »Kaminabenden« besuchen und sich bewundern und feiern lassen. Erfahrene Führungspersonen werden nach St. Gallen, London oder Boston geschickt, um tage- und nächtelang schlaflos arbeitend in Gruppen internationaler Teilnehmer*innen mit ähnlichem Karriereverlauf knifflige Case Studies zu diskutieren – vermeintlich als Vorbereitung für mehr Verantwortung und als Chance für eine kleine internationale Community. Der Vernetzungseffekt funktioniert dank des gemeinsamen Arbeitsleidensdrucks in diesen Topmanagement-Bootcamps. Die Beteiligten sind sich weiterhin sicher, ihre Karriereplanung sei im Unternehmen in den besten Händen, und geben die Verantwortung für ihre Entwicklung immer weiter ab. Von allen Toptalenten kommen immer nur einzelne oben in der Pyramide an – und wer das ist, entscheiden auf lange Sicht weder Vorstände noch Verfahren, sondern das einzelne ambitionierte Talent selbst mit seinem Verhalten und Habitus.

## Das Beste für das Unternehmen ist nicht unbedingt das Beste für Sie

Niemand soll enttäuscht, niemand soll demotiviert werden – das ist nicht die Absicht der Verantwortlichen. Sie meinen es gut, wollen Unternehmens- und Karrierewünsche vereinen. Das Problem dabei: Die Unternehmensziele sind allen bekannt und präsent – individuelle Karrierewünsche nicht. Weiterbildung und kleine Förderungsbemühungen sollen zum Bleiben motivieren, dazu sind innerbetriebliche Seminare da. So passiert es, dass Menschen in Positionen feststecken, weil sie für das Unternehmen die Idealbesetzung sind.

Immer wenn Silvio, der junge, erfolgreiche Vertriebsmanager, eine innerbetriebliche Fortbildungsmaßnahme besuchte, fühlte er sich noch mehr an das Unternehmen und seine dortigen Aufgaben gebunden und gab schließlich jeden Gedanken an mehr Verantwortung, mehr Gehalt oder gar einen Unternehmenswechsel auf. Diese psychologische Wirkung beobachten auch wir in unserer Beratung und haben sie in unserem Buch *Freiheit für Manager* beschrieben.[29] Die statistischen Grundlagen dazu lieferten Christian Ebner und Martin Ehlert.[30] Sie verifizierten die Wirkung unternehmensfinanzierter Seminare: Innerbetriebliche Seminare hielten Menschen in den bisherigen Positionen und in der Organisation.[31]

Die Unternehmensentwicklung in vorbestimmten Aufgaben voranzutreiben, die für die Einzelnen mit nur kleinen Karriereschritten verbunden sind, ist für manche Menschen genau richtig. Für diejenigen, die nach mehr Eigenverantwortung streben, aber nicht. Firmeneigene »Akademien« und »Universitäten« halten Menschen wie Klebstoff fest und verhindern, dass ihre Ambition nach weit mehr strebt. Sogar die besten Förderprogramme der Unternehmen, diese Toptalent-Pools, Goldfischteiche und Diamond-Teams nähren die Illusion, dass Zugehörigkeit den weiteren Aufstieg garantiert. Doch dem ist nicht so. Manchmal soll ein klangvoller Titel die Mitarbeiter*innen trösten, oder schrittweise etwas mehr Gehalt oder eine kleinere zusätzliche Verantwortung.

## Demotivation statt Karriere

Die Verantwortung für die eigene Entwicklung abzugeben, ist ein allmählicher Prozess, der befeuert wird durch endlose Feedbackschleifen, Kompetenzprofile, Beurteilungsverfahren et cetera. Die Menschen werden dabei akribisch erfasst, in Rangreihen, Cluster und Portfolios eingeordnet, sie werden assessed, geranked, gerated, kritisiert, gelobt und evaluiert. Ein Datensystem hat sie im Griff und kontrolliert sie scheinbar objektiv und pausenlos. Es ist kaum zu verändern oder zu löschen. Die Enttäuschung bei diesen Verfahren zur Personalauswahl und -förderung ist programmiert, weil es immer um einen Vergleich geht.[32] Das heißt, es gibt allenfalls eine einzige Gewinnerin oder einen einzigen Gewinner, manchmal jedoch gar keine*n. In seinem großartigen Werk *Die Angst vor der Bedeutungslosigkeit* analysiert Carlo Strenger, Professor an der Universität Tel Aviv, wie das Rankingsystem auf die Menschen übergegriffen hat und welche individuellen Schrecken damit verbunden sein können:

> »Das Problem ist die schiere Größe des Vergleichsfeldes, das zum ersten Mal in der Geschichte wahrhaft globales Ausmaß angenommen hat. Natürlich sind die meisten von uns nicht ständig damit beschäftigt, ihren Platz auf dem globalen Spielfeld zu taxieren [...], und doch ist dieses globale Feld unausgesprochen der Hintergrund für alles, was wir tun.«[33]

An Vergleichen orientieren sich HR-Verantwortliche und Vorgesetzte, weil sie die Aufgabe haben, die besten Lösungen für das Unternehmen zu finden und die besten Kompetenzen für gerade anstehende Aufgaben zu allozieren. Wer in einem Unternehmen oder einer anderen Institution tätig ist, ist dem Vergleich ständig ausgesetzt. Es konkurrieren dabei zwei Ansprüche:

1. auf allen Positionen zur richtigen Zeit stets die Menschen mit den genau richtigen Kompetenzen zu haben,
2. für jeden Menschen zur richtigen Zeit die genau richtige, karrierefördernde Aufgabe zu finden.

Vergleiche dienen vorrangig dem ersten Ziel, dem Unternehmen und seinen Aufgaben. Für Sie persönlich geht es aber darum, Ihr Talent zu entwickeln. Es ist unvergleichlich und einmalig. Der Bezugsrahmen für Ihre Karriere sind Sie selbst beziehungsweise Ihre Ambition. Wenn Sie sich davon leiten lassen, brauchen Sie Eigenwillen und Selbstachtung.

So sähe eine sinnvolle Karriereplanung im Unternehmen aus: Sie herausarbeiten zu lassen, was Ihr einzigartiges Talent ist, was Ihre tiefsten Anliegen sind, und Sie darin unterstützen, Ihr Können in diese Richtung zu vervollkommnen. Doch diesen Anspruch können Unternehmen kaum erfüllen, sosehr sie es auch wollen und sooft sie es auch versprechen.

## Wie sich der Mythos mit Ihren inneren Widerständen verbündet und Ihrer Karriere schadet: *»Ich kann meine Verantwortung im vollsten Vertrauen abgeben.«*

In Feedback-, Ziel-, Gehalts- und Beurteilungsgesprächen, in Tests und Assessment-Centern wird vermittelt, was noch nicht stimmt, was noch zu optimieren oder zu verbessern wäre. Es wird dargelegt, warum andere viel großartiger sind, warum Taten, Können, Überzeugungen und Entscheidungen immer noch einmal von anderen geprüft, evaluiert und kontrolliert werden müssen, warum Einzelne nichts sind und das Team alles ist, warum Erfolg flüchtig und Gewissheit Hochmut ist.

Kritik und Vergleiche stärken den Glauben, dass das Unternehmen für mich sorgt, sofern ich immer besser werde, bis ich irgendwann gut genug bin. Härter arbeiten, sich anstrengen, dazulernen und die Leistung optimieren, das alles möchte jeder ambitionierte Mensch von sich aus, das gehört zur intrinsischen Motivation. Sich dem Unternehmensanspruch zu fügen, ist die Komfortzone, das Bekannte, das Sicherheit gibt. Zu einer großen Karriere gehört aber die selbstbestimmte Vervollkommnung des Könnens. Die individuelle Ambition muss Regie führen, nicht die Personalentwicklungsabteilung. Dazu braucht es neben dem Drang zu lernen die Selbstgewissheit »Ich bin bereits großartig, mein Talent werde ich auch ohne das Unternehmen entwickeln«.

Dieses Erkennen der eigenen Größe kann schmerzhaft sein: »Bin ich wirklich so gut?«, »Gelte ich womöglich als arrogant?«, »Erhebe ich mich damit über andere?«, »Wurde ich nicht schon von frühester Kindheit an davor gewarnt, mich einmalig, überlegen oder hochbegabt zu fühlen?«, »Schließe ich mich damit vielleicht aus der Gemeinschaft aus?«, »Werde ich als Einzelgänger*in enden?«. Zu all diesen Bedenken fallen Ihnen sicher sofort ein paar Beispiele ein, die Ihren Widerstand gegen das Annehmen Ihrer Größe weiter bestärken. Doch nur Sie selbst können und müssen beurteilen, was für Sie das Beste ist, entweder im aktuellen Unternehmen oder in einem anderen. Sie sind großartig, so wie Sie sind. Deshalb wurden Sie ausgewählt für Ihren Job, deshalb werden Sie gefördert. Vielleicht stimmt ja Ihr derzeitiger Platz nicht, vielleicht brauchen Sie eine andere Bühne, um wirken und glänzen zu können.

Einfacher, als den eigenen Weg zu suchen und zu finden, ist die Anpassung an die Anforderungen des Unternehmens. Schließlich sorgen Unternehmen nicht nur für das wirtschaftliche, sondern auch für das soziale Überleben. Zukunftsängste werden in Schach gehalten durch klare Regeln und Berechenbarkeit. Es könnte Sinn ergeben, was Unternehmen ständig formulieren: Wenn jemand mehr leistet und besser wird, dann wird das belohnt. Davon sind Vorstände, Human-Resources-Expert*innen und Personalentwickler*innen felsenfest überzeugt und kommunizieren es deshalb auch glaubwürdig. Wenn ihre tatsächlichen Personalentscheidungen am Ende anders ausfallen, dann quasi unterhalb der eigenen Wahrnehmungsschwelle. Da wird nach dem aufwendigen Assessment-Center nicht die Person für die begehrte Position ausgewählt, die am besten abgeschnitten hat, sondern jemand, die oder der in den Tests und Maßnahmen nur im Mittelfeld lag oder überhaupt nicht im Blickfeld war. Dann heißt es: »Sie war sofort in gutem Kontakt mit unserem CEO«, oder: »Er hat eben dieses gewisse Etwas, das man nicht lernen kann.« Das passiert sehr oft und wird nicht etwa als Versagen des Verfahrens, sondern als Ausnahmefall interpretiert.

Wer das erlebt, hat zwei Möglichkeiten, eine Haltung dazu zu entwickeln:

1. »Da kann ich nichts machen, das Unternehmen hat entschieden und wird weiter entscheiden. Ich mache das Beste daraus und nutze die Chancen, die mir geboten werden.«
2. »Das Unternehmen tut sein Bestes für uns alle. Aber ich übernehme die Verantwortung über meinen Karriereprozess. Das Unternehmen ist eine Chance unter vielen. Ich sorge selbst für mich und meine Karriere.«

Mit mehr Eigenverantwortung ist jedoch auch das höhere Risiko eines Scheiterns verbunden. Denn nicht nur Unternehmenspläne scheitern, die eigenen auch. Dann entlastet es, andere zu beschuldigen: »Man hat mich total falsch eingeschätzt/falsch eingesetzt.« Und es ist mühsam, sich mit den eigenen Fehleinschätzungen herumzuschlagen: »Ich muss neu denken, diese Jobrotation bringt mir doch nicht die erhofften Kontakte und Chancen.«

## Ihre Karrierestrategie: Sie wissen am besten, was gut für Sie ist

»Warum bin ich hier? Was habe ich beizutragen? Wo bin ich verortet? Wo soll es mit mir hingehen? Decken sich meine Wünsche mit denen des Unternehmens? Bin ich damit einverstanden? Will ich mit dorthin? Ist dies der ambitionierte Erfolgsweg, den ich auch will?« Wer ein erfülltes Leben führen möchte, muss sich diese und viele andere Fragen stellen. So entwickeln sich Vorstellungen und Ansprüche.

Bei dem Begriff »Anspruch« wird umgehend die Warnung vor überzogener Anspruchshaltung mitgeliefert: Achtung, bloß nicht zu viel wollen, nicht herausragen, nicht auffallen. Die aufreibenden Mantras der Karrieredoppelmoral lauten:

- Seien Sie anders, eigenwillig, ideenreich und agil – aber machen Sie es wie alle anderen und im Rahmen.
- Bewundern Sie erfolgreiche Menschen – aber seien Sie selbst nicht herausragend.

Nur wer Ansprüche stellt, kann sie auch verwirklichen. Wer keine Ansprüche hat, ist auf dem direkten Weg zu Enttäuschung und Resignation.

Erforschen und formulieren Sie Ihre Ansprüche an Ihr Lebensglück, Ihren Lebensentwurf und Ihre Karriereambitionen. Unterscheiden Sie dabei zwischen den Ansprüchen, die andere an Sie stellen – die Gesellschaft, die Familie, das Unternehmen –, und denen, die Sie selbst an Ihr Leben stellen. Unterscheiden Sie auch materielle und immaterielle Ansprüche. Von materiellen ist hier nicht die Rede, sondern wie Sie sich Ihre Lebensqualität, Ihre Erfüllung, Ihren Flow und Ihr Lebenswerk vorstellen. Nur wer Ansprüche stellt, kann sie auch verwirklichen.

Stacey, eine international anerkannte junge Steueranwältin in London, hat von ihrer Kanzlei alles bekommen, was ihr Leben und das ihrer Familie sicher und angenehm macht, nach dem sie jedoch nie aktiv gestrebt hat: die Beförderung zur Partnerin, damit verbunden ein sehr hohes Einkommen, eine stylische Wohnung in der City, die interessantesten Insiderkontakte zur westlichen Wirtschaftswelt. Jetzt entdeckt sie, dass sie als Halbkoreanerin immer schon asiatischen Unternehmen ermöglichen wollte, im Westen Fuß zu fassen. Da ihre Kinder immer eigenständiger werden und in einem britischen Internat gut aufgehoben sind, startet sie noch mal durch, wechselt in eine kleinere, spezialisierte Kanzlei, lebt mittlerweile in Seoul und London in kleineren Apartments und ist glücklich.

## Wie Sie mit Schicksalsschlägen umgehen

Wer Ansprüche hat, sieht Chancen und Lösungen, sucht nach neuen Wegen und kann Rückschläge verkraften, weil der eigene Gestaltungsraum neue Möglichkeiten eröffnet. Wer Ansprüche hat, ist innerlich frei von Vergleichen und von Wettbewerbsgedanken. Auf dem Weg in ein erfülltes berufliches Leben ist der eigene innere Kompass entscheidend. So lassen sich selbst Krisen wie eine Kündigung, Trauer oder Krankheit gut meistern.

Viele Menschen in Unternehmen sind krank, manche richtig schwer krank. Oder es gibt großen Kummer in ihrem Leben, weil vertraute Menschen sterben, oder sie leiden unter Depressionen, Panikattacken oder anderen Ängsten. Immer mehr Unternehmen bieten Mental-Health-Programme oder Seminare an, die der körperlichen und psychischen Gesundheit dienen. Es gibt kollektive oder individuelle Unterstützungsmaßnahmen durch interne Betriebsärzt*innen, Psycholog*innen, Ergonomieberater*innen et cetera oder die Vermittlung an externe Stellen. Alles, damit alle gut arbeiten können. In Unternehmen geht es nicht seelenlos und unbarmherzig zu – auch wenn der Arbeitsplatz vorrangig dem Arbeiten dient.

Wie fügen sich eine schwere Krankheit, Trauer oder ein chronisches Leiden in dieses System ein? Es liegt in Ihrer persönlichen Verantwortung, trotz dieser Krisen weiterhin die Definitionshoheit über Ihre Karriere und deren Aussichten zu behalten. Wer in einer Krise steckt, braucht alle Energie zum Gesundwerden oder zur Stabilisierung. Das ist keine Zeit zum Karrieremachen. Dennoch müssen Ihre Karrierechancen nicht dahin sein. Sie ruhen nur. Diese Ruhe darf nicht gestört werden – Krankheit, Tod und Kummer dürfen nicht der Unterhaltung in Pausen oder beim Essen dienen.

Nach einer schweren Zeit wollen Sie schließlich weiterhin als Erfolgsversprechen gelten. Das geht nur, wenn Sie Ihre aktuelle Situation nicht im Detail mit Vorgesetzten und Kolleg*innen besprechen. Natürlich sollen Sie auch nicht geheimniskrämerisch still vor sich hin leiden. Danken Sie für das Mitgefühl, geben Sie einen kurzen Hinweis auf die Natur der Krise, sagen Sie, dass es Ihnen am meisten hilft, wenn dieses Thema nicht weiter ausgedehnt wird – hier nicht und auch nicht mit anderen –, und dass Sie bereits die optimale Hilfe und Unterstützung haben. Dann besprechen Sie alles Weitere mit vertrauten Menschen in Ihrem privaten Umfeld und mit den Personen im Unternehmen, die schweigepflichtig sind.

Beachten Sie den Unterschied: Wer sich beim Skifahren das Bein gebrochen hat, gilt als sportlich und nicht krank, und kommt als Held*in zurück. Alle wissen: Diese Verletzung heilt und hat keine weiteren gesundheitlichen Konsequenzen. Es macht sich also niemand grundlegend über Ihre Heilung Gedanken, aber durchaus darüber, wer Sie vertritt und wie lange das Unternehmen ohne Sie auskommen muss oder kann. In so einem Fall sagen Sie Ihrem Chef und den Personalbetreuer*innen, wie der Zeitplan für Ihre Genesung aussehen wird, halten sich strikt daran und informieren über Ihre geplante Rückkehr.

In einem schwerwiegenderen Fall kann das ganz anders sein und Sorgen sind womöglich berechtigt. Ist Ihre Krise langwierig und/oder der Ausgang ungewiss, ist Ihre Kommunikation noch bedeutsamer. Auch Vorgesetzte, die Ihnen sehr verbunden sind, fürchten nun negative Konsequenzen. Wann können sie wieder mit Ihnen rechnen? Wird das jemals heilen? Werden Sie nach Ihrer Rückkehr womöglich nur mit halber Kraft arbeiten können oder sind Sie unter Umständen für schwierige Aufgaben nicht mehr einsetzbar? Machen Sie in diesem Fall keine Versprechungen, aber gehen Sie von der optimistischen Variante aus und informieren Sie besonders über positive Entwicklungen. Und das Wichtigste: Widmen Sie sich in aller Ruhe Ihrer Gesundheit und Ihrer Genesung.

## Wie Sie mit einer Kündigung umgehen

Zu den schwierigsten Situationen im Leben berufstätiger Menschen zählt die Kündigung, sogar wenn sie vorhersehbar war – wenn bereits die Rede war von Reorganisation, Firmensitzverlegung, neuen Geschäftsmodellen –, oder wenn jemand damit beauftragt war, die eigene Abteilung komplett aufzulösen und die Kündigungen auszusprechen. Der Schock sitzt dennoch tief. Manchmal kommt die Kündigung auch aus dem Nichts und trifft Ambitionierte im vollen Lauf. Manche Menschen fühlen sich daraufhin regelrecht vernichtet, andere sind im Racherausch, sie sind wütend, traurig, empört, zornig. Wieder andere fühlen sich als Opfer von »diesen miesen Chefs in diesen miesen Unternehmen, in denen Leistung nichts zählt«. Dann ist im Flurfunk zu hören: »Unfassbar. Gerade erst habe ich noch den größten Deal der Unternehmensgeschichte reingeholt. Wie können die mir das nur antun.« Tja, sie haben es getan und sie werden es wieder tun.

Kündigungen gehören zum Unternehmensalltag. Mehr als eine Million Kündigungen gibt es in Deutschland in jedem Jahr. Für die einzelne Person ist es dennoch eine tiefgehende Kränkung. Scham ist das Gefühl, das am meisten schmerzt und eine negative Gedankenspirale in Gang setzt: »Habe ich mich so täuschen lassen? Hat meine Vorgesetzte mich getäuscht? Habe ich mich selbst über mich getäuscht? Bin ich nicht so großartig, wie ich mich immer gefühlt habe? Habe ich falschen Versprechungen geglaubt? Bin ich leichtgläubig und ein naives Opfer? Auf wen kann ich mich denn überhaupt noch verlassen? Habe ich komplett versagt? Habe ich mir die positiven Beziehungen nur eingebildet? Bin ich die ganze Zeit ausgenutzt worden? Was haben die anderen denn bloß gegen mich? Und wieso habe ich nichts gemerkt?«

Wer es nie erlebt hat, kann sich nicht vorstellen, in welche Gefühlsdimensionen Menschen sich durch eine Kündigung geworfen fühlen. Gerade diejenigen, die sich von diesem Karrieremythos haben leiten lassen und wirklich geglaubt haben, das Unternehmen sorge schon für ihre Karriere, die immer treu alle Maßnahmen mitgemacht haben, die eben nochmals befördert wurden und einen kleinen Schritt nach oben machen konnten, gerade sie trifft es ins Mark. Es ist eben nicht nur der Verlust der Arbeitsstelle. In der Kündigung zeigt sich viel mehr: der Verlust von Identität, Gemeinschaft, Sinn und Heimat. Diesen Ort, vertraute Menschen und eine erfüllende Arbeit verlassen zu müssen, ist so schmerzlich, dass manche Menschen außer sich geraten – und gerade das nicht zeigen dürfen, weil jede Person, der sie ab jetzt begegnen, ein*e Multiplikator*in ist.

## Gefühle wahrnehmen, aber nicht ausdrücken

In dieser aufgewühlten Zeit ist Selbstdisziplin unabdingbar. Schon ab dem Moment der Kündigung sind Sie eine Person auf Jobsuche. Sie sind auf das Wohlwollen anderer angewiesen, auch der Personen, die Ihre Kündigung geplant und ausgesprochen haben. Denn Sie werden Referenzen brauchen, ein Zeugnis, eventuell eine Freistellung, eine Übergangszeit, eine Abfindung oder ein Newplacement-Coaching.

Spätestens jetzt wird höchst genau wahrgenommen, wie Sie sich präsentieren: Sind Sie ein Erfolgsversprechen oder rachedurstig? Sind Sie eine ambitionierte Person oder ein Opfer mieser, widriger Umstände? Ohnmächtig oder selbstbestimmt, haben Sie ein flexibles Mindset oder wollen Sie selbst dann am Alten festhalten, wenn es vergeblich ist? Überdauert Ihre Loyalität oder ist sie mit diesem Ereignis dahin? Prangern Sie Ihre früheren Vorgesetzten und das Unternehmen an? Machen Sie lustige, überhebliche Scherze über die »Clowns im Vorstand«, die nichts auf die Reihe bekommen? Oder sind Sie realistisch und wissen, dass letzten Endes niemand »schuld« ist? Sind Sie aufgeschlossen für neue Lösungen, dankbar für das, was Sie lernen durften, oder immer noch voller Illusionen, dass die Kündigung im letzten Moment zurückgenommen wird, weil jemand Ihre unverzichtbaren Talente erkennt?

Ihre Gedanken und Gefühle wahrzunehmen, ist wichtig, sie auszudrücken, ist indiskutabel. Natürlich fühlen Sie sich schlecht und sind verärgert, ja vielleicht sogar wütend. Unfreiwillig müssen Sie sich jetzt mit neuen Optionen beschäftigen. Der Schock lässt die vergangene Zeit im Unternehmen manchmal auf geradezu nostalgische Weise besonders schön erscheinen: Es war doch alles gut, es lief doch alles wie am Schnürchen. Wenn Sie so fühlen, ist Misstrauen angesagt, denn das kann nicht stimmen. Irgendetwas ist eben nicht so gut gelaufen, entweder im Unternehmen, in den Beziehungen, in der Gruppendynamik oder in der Zusammenarbeit. Es ist wichtig zu erkennen, was zu Ihrer Kündigung geführt hat, und auch, warum sie für Sie so überraschend kam. Welches Verhalten von Ihnen war beteiligt? Welche verzerrte Wahrnehmung hat Sie die Situation falsch einschätzen lassen? Womöglich haben Sie dem Mythos zu sehr vertraut und das Sicherheitsgefühl, zu dem Sie das Unternehmen verführt hat, nie hinterfragt.

In Zukunft sollten Sie nicht darauf warten, dass man Sie lange im Voraus auf irgendwelche Entwicklungen vorbereitet, sondern stattdessen selbst alle Prozesse aufmerksam beobachten, Ihre Schlüsse ziehen und entsprechend handeln. In diesem Lernmodus wird es ihnen leichter fallen, Ihren Ärger zu überwinden. Ihre Selbstdisziplin entscheidet, ob Sie für einen neuen Job gefunden werden oder nicht.

## Eine neue, karrierefördernde Aufgabe finden

Ob Sie selbst gekündigt haben oder Ihnen gekündigt worden ist – Ihr Verhalten im Suchprozess ist das gleiche: Es gibt nur einen kleinen Kreis von Menschen, denen Sie sich offen mitteilen, alle anderen sind Multiplikator*innen, die begeistert von Ihnen sein sollten und für die Sie auch weiterhin ein Erfolgsversprechen sind. Wenn Sie nicht im Topmanagement sind, können Sie aktiv auf die Suche gehen, auf Stellenanzeigen antworten, Unternehmen anschreiben et cetera. Als Topmanager*in ist Ihre neue Positionierung ein komplexer und anspruchsvoller Prozess, der mitunter lange dauert. Für jede Jobsuche gilt:

**Positiv in Erinnerung bleiben:** Verfassen Sie einen wohlwollenden E-Mail-Abschiedstext an ehemalige Kolleg*innen, mögliche Multiplikator*innen und wichtige Entscheider*innen, geben Sie Ihre Kontaktdaten für die Zeit danach an, und wenn Sie persönlich darauf angesprochen werden, sagen Sie nur: »Ich führe viele Gespräche.«

**Auffindbar machen:** Halten Sie Ihr LinkedIn- oder Xing-Profil auf dem neuesten Stand, damit die Algorithmen Sie auf Anfrage von Recruitern finden. Headhunter suchen immer aktiv nach vielversprechenden Kandidat*innen. Dafür muss ein Social-Media-Profil attraktiv und vor allem mit den richtigen Begriffen formuliert sein. Das bedeutet allerdings nicht, dass Sie Headhunter aktiv anschreiben sollten, denn diese bevorzugen, selbst zu suchen. Wichtiger ist, dass Sie problemlos auffindbar sind. Dazu sollten Sie aktiv sein, liken, kommentieren, weiterleiten, gratulieren, etwas Fachliches posten und unbedingt den entscheidenden Personen und den vielversprechendsten Unternehmen und damit potenziellen Arbeitgebern folgen, sonst erkennen die Algorithmen Sie nicht als suchend.

**Unaufdringlich sein:** Drängen Sie anderen Menschen Ihre Suche nicht auf, bitten Sie nicht um Kontakte, bringen Sie niemals Menschen in die Situation, Nein zu Ihnen sagen oder flunkern zu müssen: »Das mache ich doch gern für Sie.« Laden Sie stattdessen Mitglieder Ihrer Community oder Ihres Netzwerkes zu einem Cappuccino ein, zeigen Sie sich interessiert und erzählen ganz nebenbei, dass Sie sich beruflich neu orientieren. Diese Botschaft verstehen andere sofort, sie wollen nur nicht ausgenutzt werden. Solche Treffen sind in erster Linie herzlich und völlig uneigennützig.

**Keine Panik:** Rufen Sie nicht verzweifelt alle möglichen Leute an und schicken Ihre Bewerbungsunterlagen herum. Tragen Sie niemals Ihren Lebenslauf »ganz zufällig« bei sich, allenfalls schicken Sie eine Kurzfassung, wenn Sie dazu aufgefordert werden. Bitten Sie auch niemanden explizit, »Kontakte für Sie herzustellen«, und nehmen Sie dieses Angebot von anderen auch nicht an. Danken Sie lediglich dafür. Denn was sollte die Person tun, die sich nur auf Bitten eines Geschäftsfreundes oder einer Geschäftsfreundin mit Ihnen trifft? Das ist peinlich für alle Seiten. Zeigen Sie sich stattdessen gut gelaunt, zuversichtlich und mit vielen in Kontakt.

Seien Sie sicher: Es wird sehr genau wahrgenommen, wie Sie mit Rückschlägen umgehen, ob Sie eher zuversichtlich sind oder voller Wut und Enttäuschung. Vertraute Menschen werden sich vielleicht von Ihnen abwenden, andere Freundschaften werden entstehen, ehemalige Kolleg*innen und alte Bekannte melden sich plötzlich und fragen, ob Sie Interesse an dieser oder jener Aufgabe hätten. Und das alles gleichzeitig. Eine Jobsuche ist kein linearer Prozess, sondern ein Weg voller Irrungen und Wirrungen.

## Der Prozess des Gefundenwerdens für Toppositionen

Für den Neupositionierungsprozess von Topmanager*innen haben wir den Begriff des »Gefundenwerdens« geprägt und haben dazu Veranstaltungen mit Headhuntern geleitet. Die Personalberaterin Stephanie Schorp[34], der Karriereberater Thomas Wüllner[35] und wir kommen aus den unterschiedlichen Blickwinkeln zu ähnlichen Empfehlungen: Die größte Aufgabe für Jobsuchende ist zu erkennen, dass das, was eine*n Topmanager*in erfolgreich macht, nicht das ist, was zu einem neuen Spitzenjob führt. Die Topmanagement-Jobsuche ist das Gegenteil von Arbeit an einem Projekt, von Vertrieb, von Key-Account-Management. Jetzt im Arbeitsmodus zu sein, ist ein »Systemfehler« im Prozess des »Gefundenwerdens«. Dieser Arbeitsmodus ist tief in der eigenen Erfolgspersönlichkeit verankert. Nötig ist ein mentaler Neustart: heraus aus dem Planen und Arbeiten, hin zu Nähe und Vertrauen.

Erfolgreiche Topmanager*innen sind schnell und ergebnisorientiert, jeder möchte gerne mit ihnen zu tun haben. Plötzlich, manchmal von einer auf die andere Sekunde, sind sie ohne Aufgabe. Aus dem vollen Lauf heraus wollen sie sich direkt um eine neue Position bewerben – weil sie so gut sind und weil sie sich alles zutrauen. In Einzelfällen wird ihnen umgehend ein neuer Job angeboten, in der Regel dauert ab jetzt jedoch alles sehr, sehr lange. Nichts ist unter Kontrolle. Manche Menschen antworten nicht. Sie selbst werden von Einladungslisten gestrichen. Sie sitzen allein zu Hause und arbeiten an ihrem Lebenslauf, tätigen viele Anrufe mit wenigen Ergebnissen, denn die Pyramide läuft spitz zu. Das bedeutet: Oben gibt es immer weniger Positionen mit immer spezifischeren Anforderungen. Deshalb vergehen manchmal Jahre, in denen sie viele Fehler machen können.

Es gibt keine Möglichkeit, diesen Prozess zu beschleunigen. Sie können nichts delegieren, keine Vorgaben machen, keinen Druck aufbauen – an wen auch? Headhunter sind nicht ihre, sondern die Dienstleister der suchenden Unternehmen. Sie können eine einzige Sache tun: sich dem launigen Prozess des »Gefundenwerdens« hingeben; das heißt, sich bedanken, Komplimente machen, sich Zeit nehmen, plaudern und sich als Erfolgsversprechen präsentieren. Es geht um Stimmungsmanagement, denn unkomplizierte Zuwendung führt zu Nähe und Vertrauen in der Topliga.

## Stimmungsmanagement statt Leistungsbeweise

Auf Jobsuche möchten Menschen am liebsten darstellen und beweisen, wie gut sie sind. Personalverantwortliche reagieren nur auf positive Signale, die aus der Fülle heraus gegeben werden, auch wenn die Sprache, die sie sprechen, und die Fragen, die sie stellen, aus der Arbeitswelt kommen: »Haben Sie schon einmal eine Produktion nach Asien verlagert?« Es ist gar nicht so einfach, in den Modus des »Gefundenwerdens« umzuschalten und gleichzeitig die »Arbeitssprache« beizubehalten. Die Augenhöhe ist entscheidend – und das Wording. Die Antwort ist daher in dem Fall nicht: »Ja, ich habe 2020 drei Standorte mit je 400 Leuten innerhalb von kurzer Zeit erfolgreich von Niedersachsen nach China umgezogen, und ein Jahr später nochmals ein Werk nach Bangladesch.« Sondern: »Interessant, dass Sie das fragen, denn Sie selbst haben ja Vorbildliches geleistet und Ihre Fertigung in Indien ist für ihre Effektivität bekannt. Und ja, natürlich habe ich diese Erfahrung auch selbst schon mehrfach gemacht.« Kompliment, Nähe, Augenhöhe und Vertrauen.

## Community-Building statt Eigenvermarktung

Je erfolgreicher jemand im Topmanagement war, desto schwerer ist der Rollenwechsel: kein Follow-up, keine Zielgruppendefinition, keine Initiativbewerbungen und keine Bitte um Kontaktvermittlung. Und diese eine Sache, die immer richtig ist? Das ist Community-Building, also die Fähigkeit, tragfähige herzliche Beziehungen aufzubauen und dauerhaft zu pflegen. Wer in der Topliga zugehörig ist, bleibt auch dort.

Im Topmanagement gibt es nur wenige für Sie genau passende Positionen. Vielleicht nur eine einzige, die Sie noch nicht kennen. Es gibt keinen »Markt«, daher können Sie weder Ihren Marktwert testen noch sich bewerben, sondern verärgern durch solche Aktivitäten nur die für Sie wichtigsten Menschen in Ihrer Community. Sprechen Sie daher niemals Headhunter an, mit denen Sie nicht schon länger befreundet sind, und wärmen Sie auch niemals in dieser Situation Beziehungen auf, die Sie lange nicht gepflegt haben. Bitten Sie nie um Kontakte. Geduld – der Job muss Sie finden, niemals umgekehrt!

Sprechen Sie im informellen und im offiziellen Rahmen großartig und gezielt über sich und Ihr Anliegen – nicht über Ihre Leistung und Kompetenzen. Was Sie antreibt, ist attraktiv für andere erfolgreiche Menschen, es weist in die Zukunft. Seien Sie dabei sehr spezifisch. Sagen Sie nicht: »Mich interessiert Wachstum«, sondern: »In Skandinavien gibt es eine völlig neue Innovationsszene der Mobile Technology. Als IT-Vorstand eines Zulieferers würde ich diese Konzepte für das Wachstum nutzen.« Ihr neuer Job findet Sie, wenn Ihre Ambition als Leuchtturm den Weg weist.

## Machen Sie sich als Persönlichkeit sichtbar

Der Prozess, sich für einen neuen Job zu positionieren, ist eine Daueraufgabe, und beginnt bereits vor einer Kündigung, denn eine Trennung kann jeden jederzeit treffen. Niemals sollten Sie daher externe Seminare und Veranstaltungen mit hochkarätigen Persönlichkeiten aus anderen Unternehmen und Kontexten auslassen, denn sie haben größere Wirkung auf Ihre Karriere als jede interne Maßnahme, weil es dort um den Aufbau nachhaltiger und herzlicher Bindungen zu anderen Personen geht, im eigenen Feld oder aus anderen Unternehmen, Politik, Wissenschaft, Kunst, Medien, Verwaltung et cetera. Diese Dimension kann in unternehmensinternen Personalentwicklungsmaßnahmen kaum berücksichtigt werden. Dabei sind Unternehmenswechsel – freiwillig oder unfreiwillig – immer selbstverständlicher.

Für eine echte Entwicklung zu deutlich mehr Verantwortung, Gestaltungsspielraum, Einkommen und Status brauchen Sie Reflexion und Impulse von außen. Externe Personen bringen Sie auf neue Ideen und können Ihre Perspektive verändern. In externen Veranstaltungen und Seminaren knüpfen Sie in unbeschwerter Atmosphäre, unkontrolliert und undokumentiert Kontakte, die Sie anschließend pflegen und weiter ausbauen können. Dann werden Sie in Ihrem Erfolg gespiegelt und bestärkt, Sie verstehen besser, was Sie einzigartig und erfolgreich macht, statt an Ihren Schwächen herumzudoktern, die bedeutungslos sind. So gewinnen Sie die Gewissheit »Da geht noch weit mehr«, weil Sie von anderen als Person gesehen werden, die nach Entwicklung strebt.

Damit Sie von anderen gesehen werden können, muss Ihnen selbst aber Ihr wahrer Kern bewusst sein. Dafür brauchen Sie Reflexion und externe Resonanz. Sie müssen freimütig über sich sprechen, sich manchmal offenbaren, nicht zwanghaft, sondern wenn es passt. Ihre Selbstgewissheit löst in anderen Menschen Resonanz aus, denn deren Spiegelneuronen reagieren darauf. Dann fühlen Sie sich wie erlöst und Ihre tiefe Sehnsucht ist gestillt.

## Vergessen Sie die Regeln für den glatten Aufstieg

Impulse für Ihren Aufstieg können von überallher kommen. Kultivieren Sie eine Haltung zum Leben, die ambitioniert ist, großzügig, fehlertolerant, dankbar, wertschätzend, zugewandt und souverän. Machen Sie alles, was Ihre Selbstreflexion und Ihre Selbstgewissheit fördert. Sagen Sie sich nicht: »Ich will so bleiben, wie ich bin.«

Arbeiten Sie lieber an sich und machen Sie das Beste aus Ihren Talenten und Anlagen. Pflegen Sie Ihre Freundschaften, lernen Sie immer etwas Neues, etwa eine weitere Fremdsprache oder ein Musikinstrument. Freunden Sie sich mit Themen an, die sich Ihnen nicht von selbst erschließen. Vielleicht moderne Kunst, Astronomie, Meditation, Oper oder Kochen? Beziehen Sie andere ein in etwas, das Sie lernen oder tun, ob virtuell oder in Präsenz. Und erhalten Sie Resonanz. Glauben Sie an sich und an Ihre Talente. Werten Sie Ihre Leistungen nicht ab durch kleine abschätzige, ironische oder scheinbar lustige Bemerkungen, und banalisieren Sie Ihre bisherigen Erfolge nicht. Nehmen Sie vielmehr sehr genau wahr, was Sie können und was Sie wollen. Persönliches Lebensglück gehört selbstverständlich dazu. Vergraben Sie sich nicht in der Arbeit und tappen Sie nicht in die Perfektionismusfalle. Gut ist gut genug.

Sie sind bedeutsam – auch wenn Sie gerade nicht arbeiten, auch wenn Ihnen gerade niemand folgt, auch wenn Sie einen Fehler gemacht haben. Sie sind ambitioniert, haben Ihr Können und bleiben dabei. Sie sehen Chancen, Sie kennen die Risiken und Sie können Verantwortung tragen. Andere Menschen orientieren sich an Ihnen. In Ihrem Feld muss Ihnen niemand sagen, ob es so richtig ist oder anders. Sie haben die innere Gewissheit. Wenn Sie diese Gewissheit zeigen, gehen andere in Resonanz, sichtbar und unsichtbar. So fühlt sich Bedeutsamkeit an. So sind wirkungsreiche Begegnungen, starke Statements, gute Orientierung und mutige Entscheidungen möglich – ja Sie fallen Ihnen sogar leicht.

# 6. Mythos: Nur Schwache brauchen Rat

## Wie der Mythos sich zeigt: *»Ich weiß, was ich kann, was ich will, und kann es selbst am besten.«*

Die meisten Menschen bewegen sich in einem ständigen Austausch des Gebens und Nehmens. Sie bekommen Komplimente, machen Geschenke, werden um Rat gefragt, schreiben und erhalten Dankeskarten, werden eingeladen, suchen Trost, werden empfohlen und geben wichtige Hinweise. Fülle und Bedürftigkeit, Stärke und Schwäche wechseln sich ab. So entstehen Nähe und Verbundenheit, so entwickeln sich Menschen weiter. Sie wollen anderen helfen und bauen darauf, dass auch ihnen geholfen wird. Sie möchten andere feiern und auch selbst gefeiert werden. Wenn Menschen sich öffnen, ist alles möglich – von Enttäuschung bis Wertschätzung.

Das alles sind grundlegende Erfahrungen, um das eigene Glückserleben und den eigenen beruflichen Erfolg zu befeuern. Wie kann es dann passieren, dass gerade ambitionierte Menschen im Laufe ihrer Karriere aus diesem Glück verheißenden Austausch herausfallen?

Zu Beginn der Karriere gibt es Rat von früh bis spät, in Kursen, Beurteilungsgesprächen, von Älteren und Erfahreneren, von Chef*innen, Mentor*innen und Ausbilder*innen. Wissen und Können wachsen, die Leistung entscheidet über das Weiterkommen, sie muss immer wieder bewiesen werden – in Präsentationen, Beurteilungen und Verhandlungen. Extrovertierte sind hier im Vorteil:

an Rhetorik-, Kommunikations- und Storytelling-Kursen nehmen sie mit Begeisterung teil. Sie lernen zu erklären, zu beschreiben, zu überzeugen und zu begeistern.

Doch kaum ist die Kunst des Redens erlernt und eingeübt, nimmt ihre Bedeutung auch schon ab. Bereits in der ersten Führungsaufgabe verändern sich die kommunikativen Anforderungen, denn ab jetzt haben die Teammitglieder oft die besseren fachlichen Kenntnisse. Dies übersehen oder übergehen Führungskräfte, die sich weiterhin am wohlsten fühlen, wenn sie anderen etwas erläutern können, und sich wie ein Azubi fühlen, wenn sie selbst zuhören oder gar um Rat bitten müssen. Im oberen Management angekommen, ist Reden nur noch in Ausnahmesituationen erfolgreich und wirkt auf andere, ebenso erfolgreiche Menschen eher dominant und ärgerlich. Spitzenmanager*innen müssen zuhören können, verstehen, um Erläuterung bitten, ermutigen und entscheiden – nicht ohne Punkt und Komma reden. Sie bieten anderen Orientierung, aber meist nicht, indem sie sprechen, sondern durch die Art und Weise, wie sie sich einer Sache und anderen Menschen begeistert zuwenden.

## Wenn sich negative Wahrnehmungs- und Verhaltensmuster verfestigen

Die Haltung »Ich weiß und kann es selbst am besten« ist eine Denkgewohnheit, mit der über lange Zeit berufliche Ziele gut erreicht werden können. Gerade bei hochmotivierten und hochintelligenten Menschen wird dies im Beruf oft bestätigt. Die sich verändernde Realität – dass jemand durchaus nicht alles in allen Wissensgebieten besser weiß, nicht einmal im eigenen – wird zurechtgebogen, damit sie weiterhin in das Muster passt.

Jahrelang werden Jannicks Erfolge gefeiert und er denkt: »Ich weiß, wie es läuft. Kein Wunder, dass ich so oft um Rat gebeten werde. Niemand hier hat so viel Erfahrung wie ich.« Diese Haltung dehnt sich auf immer mehr Bereiche aus, bis hin zu Automarken und der Gesundheitsversorgung. Er hat es eben einfach drauf.

Diese Selbsteinschätzung behält er auch in seiner neuen Rolle als Führungsperson bei. Er ist nun erst recht bereit, Rat und Hilfe zu erteilen. Doch er läuft damit ins Leere. Kolleg*innen aus dem Management meiden den Kontakt mit ihm. Sein Erfolg sollte jetzt aus der Fähigkeit des Stimmungsmanagements kommen, mit dem er Gefolgschaft in der Firma und in der Öffentlichkeit gewinnen kann. Jetzt müsste er damit beginnen, anderer Menschen Wissen zu würdigen und selbst um Rat zu bitten, sonst folgt unweigerlich ein Karriereknick.

Jannick müsste sein Mindset erweitern. Mit einer offeneren und flexibleren Einstellung würde er schnell merken: »Ich bin irritiert. Da passiert jetzt gerade etwas anderes, als ich gewohnt bin. Ich muss etwas Neues lernen. Ich muss jemanden um Rat fragen, der mir das erklärt und Orientierung bietet.« Doch sein Denkmuster ist starr, er beharrt darauf, dass er es einfach besser weiß als alle anderen. Er stürzt sich umso mehr in die Arbeit und glaubt, aus der Leistung komme auch irgendwann wieder der Erfolg, weil ein so erfahrener Mann wie er einfach nicht falsch eingeschätzt werden kann.

Die Psychologin Carol Dweck zeigt, dass die alles bestimmende Bedingung für Erfolg ein flexibles Mindset ist – der Glaube daran, dass alles im Wandel begriffen ist und man selbst vielfältige Möglichkeiten hat, Dinge zu verändern. Das flexible Mindset will aus Fehlern, aus schmerzhaften Gefühlen oder aus verborgenen Wünschen lernen.[36]

Jannicks statisches Mindset möchte so bleiben, wie es ist, und recht behalten. Das bedeutet: Andere müssen schuld sein an Jannicks Elend. In dem Fall ist dann flugs Mythos 1 parat: Es sind eindeutig diese miesen Chefs in diesen miesen Unternehmen, die seine Karriere behindern oder gar zunichtemachen.

Wer ahnt, bald gekündigt oder in den Vorruhestand geschickt zu werden, wer das Stocken der eigenen Karriere bemerkt oder nach einer Kündigung keinen neuen Job findet, wer einen Reputationsschaden erfährt und das alles mit sich selbst und mit dem eigenen begrenzten Wissen lösen möchte, befindet sich bald in einer Negativschleife, die jede weitere Karriereambition blockiert. Egal, wie viel Wissen, Können und Erfahrung man über die Jahre aufgebaut hat – wer sich in dieser Situation kopfüber in die Arbeit stürzt und in Leistungsbeweisen die Lösung sucht, wird bald erschöpft sein und keine Wirkung mehr erzielen. Wer noch dazu andere beschuldigt und verantwortlich macht, verliert am Ende deren Unterstützung und Gefolgschaft.

Menschen, die aus ihrem Scheitern verbitterte Lehren gezogen haben, können andere nicht um Rat fragen. Sie glauben sich im Besitz allgemeingültiger Wahrheiten, etwa: »Topmanagement heißt, ein großes Ego zu haben«, »Schau dir die Politiker an, die Machtgierigsten gewinnen«. Solche vermeintlichen Wahrheiten sind nie gute Rezepte für Ihre Karriere. »Ich will so bleiben, wie ich bin«, nach diesem Muster agieren selbst äußerst erfahrene und bis zu ihrer Kündigung erfolgreiche Spitzenpersönlichkeiten, die ihr Unternehmen verlassen müssen, weil sich die Welt weitergedreht und ihre Rolle sich verändert hat. Sie setzen ihre einzigartige vergangene Erfahrung gleich mit einer universellen Expertise hinsichtlich erfolgreicher Karrieren. Hauptsache, sie brauchen keine andere Autorität anzuerkennen. Sie brauchen keinen Rat.

Die individuellen Karrierehemmnisse sind eine Blackbox. Um sie zu erkennen, braucht es Impulse von außen, die den eigenen Anteil deutlich machen. Allein ist es nicht möglich, erfolgsbremsende Verhaltens- und Denkmuster zu erkennen und zu verändern, denn diese Muster waren lange erfolgreich. Deshalb erscheinen sie ja auch so rational: Das, was »schon immer« funktioniert hat, verfestigt sich. Die Wahrnehmung schränkt sich ein auf andere Menschen, die sich ebenfalls sehr anstrengen und bis jetzt damit auch erfolgreich sind. Doch unweigerlich kommt die Zeit, in der die früheren Erfolgsrezepte zu Karrierehemmnissen werden. Mehr vom Falschen bringt dann mehr Misserfolg.

Gitte ist überzeugt davon, zu wissen, wie Bewerbungsverfahren in Bundesministerien ablaufen. Sie hat schließlich mehr als zehn solcher »männlich dominierten« Prozesse mitgemacht und ist jedes

Mal auf dem zweiten Platz gelandet. Ihre Überzeugung, dass es keinen Sinn hat, sich zu bewerben, weil »immer schon« ein Mann von intern für die Aufgabe gesetzt ist, bespricht sie mit mehreren Coaches, mit ihren Freundinnen und ihrem Doktorvater. Alle bestätigen sie darin, sich am besten noch perfekter vorzubereiten, noch offensiver und selbstbewusster zu agieren und noch mehr beeindruckende Fakten vorzubringen. Ihr wurde empfohlen, bei dummen Bemerkungen in den Bewerbungspräsentationen einen lustigen oder angriffslustigen Spruch »draufzusetzen« oder total cool zu bleiben.

Doch keine dieser »Strategien« wirkt, im Gegenteil. Das eigentliche Problem ist, dass Gitte auf diese Weise immer mehr falsches Wissen akkumuliert – vermeintliches Wissen, das auf ihren Glaubenssätzen aufbaut.

Die Auswahlkommissionen würden sie gerne an die erste Stelle setzen, aber sie sind genervt von Gittes Besserwisserei und Hang zum Perfektionismus. Sie spüren das Ängstliche, Abwertende und Herablassende in ihrem Verhalten. Dabei wünschen sie sich einfach jemanden, der unkomplizierte Wertschätzung zeigt, ob diese Person nun alles weiß oder nicht.

Wie sind solche hausgemachten Haltungen und vermeintlichen Karrierestrategien aufzulösen? Manchmal genügt ein Hinweis aus dem Freundeskreis als erster Impuls zur Einsicht. Für die komplexeren Situationen im Management sind unabhängige Profis nötig. Mit ihnen können Hindernisse überwunden werden und nur mit ihnen kann es einen echten Erkenntnisgewinn über die Bedeutung von Wertschätzung, Wohlwollen, Unkompliziertheit als Hidden Agendas geben. Darüber, wie informelle Soziogramme, Rituale, versteckte Codes, Zugehörigkeiten und Off-the-record-Absprachen wirken. Wer davon nichts weiß, für den gibt es diese Dynamiken nicht und er kann sich nicht darauf einstellen.

Karriere machen braucht Veränderungsbereitschaft, und zwar nicht nur für äußere Veränderungen wie Orts- und Jobwechsel, sondern die Fähigkeit, das eigene Mindset zu erweitern und alte Glaubenssätze aufzugeben. Eine Karriere ist ein Erkenntnisprozess.

Es gibt für Karrieren keine Erfahrungs- oder Wissenskontinuität. Große Karrieren bestehen gerade darin, fundamentale Wechsel der Perspektive, der Wahrnehmung und des Denkens umsetzen zu können. Ab den ersten Führungsaufgaben kommt nur weiter, wer die eigenen Denk- und Verhaltensmuster kritisch hinterfragt und bei Bedarf ändert. Es geht um die Entwicklung von Neugierde. Das hört auch mit 60, 70 oder 80 Jahren nicht auf, weil der Bezug zur Welt nicht aufhört und diese sich ebenfalls verändert. Dies ist eine der universellen Erfolgsdynamiken, die Karrieren immanent sind.

Wie können Sie Ihr Inneres, Ihre Dynamik, Ihren Antrieb, Ihre Ambition und Größe besser kennenlernen? Es ist ein immerwährender Prozess, sich diese Fragen zu stellen, lebensverändernde Begegnungen zu suchen und zu nutzen.

## Wir sind alle aufeinander angewiesen – und nicht allein

Die Vorstellung, für die berufliche Entwicklung und in beruflichen Krisen keinen Rat zu benötigen, hat große Auswirkungen auf das gesamte Leben. Die Fähigkeit, Rat zu suchen und anzunehmen, korrespondiert mit der Empfänglichkeit dafür, gefeiert zu werden und Komplimente zu bekommen. Für Menschen, die keinen Rat annehmen wollen, ist dieser Zusammenhang schwer erkennbar, wünschen sie sich doch gerade Anerkennung für ihre große Erfahrung. Wenn sie die nicht erhalten, trumpfen sie nur noch mehr auf und andere wenden sich ab. Menschen mit stabilem Selbstwertgefühl und ausgeprägter Selbstwirksamkeitsüberzeugung nehmen es gern an, wenn andere sie unterstützen, ihnen helfen oder etwas schenken. Sie freuen sich darüber – sie wissen, sie sind es wert – und irgendwann, bei nächster Gelegenheit, werden sie etwas zu geben haben. Oder auch nicht. Das sehen sie locker. Diese Stimmung überträgt sich und ihnen kommen Wohlwollen, Förderung, Privilegien und auch guter Rat entgegen.

Krisen bringen zutage, wie sich jemand in der Welt sieht: Ist eine Person machtvoll und stark, wenn sie alles mit sich allein ausmacht und niemand braucht? Oder ist sie machtvoll und stark, wenn sie Schwäche zeigen kann, Zweifel mit anderen diskutiert und sie um Rat fragt?

Tobias, ein in Asien sehr erfolgreicher Venture-Capital-Investor, der mit bedeutenden und vermögenden Menschen aus den verschiedensten Industrien und auf dem gesamten Kontinent Geschäfte gemacht hat, käme niemals auf die Idee, dass er vielleicht einen Rat für seine Karriere bräuchte. Sein Wissen ist so groß, seine Intelligenz so scharf, seine Bewertungen so gut, sein Einkommen so hoch – wie könnte es etwas geben, das jemand anderer besser wüsste als er? Noch dazu jemand, der nicht einmal in seinem Feld tätig ist?

Überraschend für ihn ist, dass gerade dieses Leben vergessene Gefühle an die Oberfläche bringt. Aus einer ländlichen Region Deutschlands stammend – seine Eltern sind kleine Angestellte –, kennt er die Angst, unterlegen und ahnungslos zu sein. Jedes Unwissen, jede Ratlosigkeit, jede noch so kleine Krise erinnert ihn daran, wie sehr er früher stets auf sich selbst angewiesen war. Darauf, alles besser zu wissen, um sozial und wirtschaftlich zu überleben. Das war viele Jahre sein Erfolgsrezept und noch heute lauert diese Angst in ihm, die Mitglieder seiner Community könnten jederzeit mit Spott und Häme auf die kleinste Verletzlichkeit reagieren. Tobias' Selbstwertgefühl ist an die Gewissheit, alles selbst zu wissen und zu können, gekoppelt und stürzt daher bei der kleinsten Unsicherheit ins Bodenlose. Sofort fühlt er sich schwach und abhängig, wenn er jemanden um Rat fragen müsste.

Alle Menschen haben schon erlebt, dass ihr Selbstwertgefühl schwindet, wenn sie etwas nicht wissen, um Rat bitten müssen und damit vermeintlich Schwäche zeigen. Menschen mit einem geringen Selbstwertgefühl wollen in diesen Situationen verbergen, dass sie an ihre Grenzen gestoßen sind und keinen Ausweg mehr sehen. Sie können sich keinen Rat von Profis holen, weil sie davon ausgehen, dass niemand sie versteht, weil ihre Situation so komplex und einzigartig ist. Sie denken, dass dies alles nur ihnen geschieht, nur in ihrer Branche und nur in ihrem Unternehmen möglich ist. Dass es nur mit ihrem Chef so geschehen konnte. Die Probleme scheinen übermächtig. Manche Menschen schämen sich, dass sie keine Lösung finden, und bleiben dennoch inaktiv und abwartend. Oder die momentane Schwäche verabsolutiert sich im Inneren, sie können die Hilflosigkeit nicht als momentane erkennen und fühlen sich für immer klein, unfähig und verlassen. Dass andere ähnliche Probleme haben und ihnen Lösungskompetenzen zur Verfügung stehen, ja dass sich ihre Lösungsfähigkeiten weiterentwickeln können – diese Erfahrung haben sie nicht gemacht.

## Wie sich der Mythos mit Ihren inneren Widerständen verbündet und Ihrer Karriere schadet: *»Meine Situation ist so kompliziert, da kann mir niemand einen guten Rat geben. Ich muss auf meine eigene Erfahrung bauen.«*

Wer nicht um Rat fragen kann, wird von sozialen Ängsten dominiert, macht alles mit sich allein aus, erlebt es als Kränkung und Kontrollverlust, nicht weiterzuwissen, und schämt sich. Zu dieser Dynamik gehört, dass schon der Wunsch, um Rat zu bitten, nicht auftaucht. Weil das Erleben von Spannung, Versagen, Isolation, Überforderung oder Scham zu einem Lebensgefühl geworden ist und sich immer weiter in die Psyche eingräbt: »So bin ich eben«, oder: »So ist die Welt: ungerecht und lieblos.«

Manchmal ist eine Situation so schmerzhaft, die Scham und Hilflosigkeit sind so überwältigend, dass das Bitten um Rat nur als zusätzliche Demütigung erlebt wird. Dann sagen Menschen: »Wenn es vorbei ist und ich die Probleme gelöst habe, dann suche ich mir Unterstützung.« Dabei zeigt die Resilienzforschung, wie wichtig das Suchen und Akzeptieren von Rat bei der Krisenbewältigung ist. Es ist Teil der Selbstwirksamkeit, nicht allein mit allem fertigwerden zu müssen.

Das Gefühl der Scham verengt das Mindset, die wahrgenommene Hilflosigkeit wird aktiv verdrängt. Verdrängung aber braucht viel Kraft und daher rührt die Starrheit. Sie können nicht freimütig mit anderen Menschen unterschiedliche Sichtweisen teilen, sondern wollen recht behalten und dominieren, selbst bei unwichtigen Kleinigkeiten. Der starre Schutzpanzer lässt keine Lücke zu. Andere, vermeintlich Schwächere, werden abgestraft. Ihnen wird Versagen vorgeworfen und sie werden lächerlich gemacht. Sie stehen für die Hilflosigkeit, die sie selbst fürchten.

Menschen, die sich nicht eingestehen können, dass sie Rat und Hilfe brauchen, bleiben in Passivität stecken. Ihr Streben nach Glück schwindet und sie fühlen sich oftmals ohnmächtig den äußeren Geschehnissen ausgeliefert. Sie klammern sich an die ungewisse Hoffnung, dass die Probleme schon von selbst verschwinden werden.

Denken Sie an eine Situation zurück, in der Sie sich angegriffen fühlten und sich gekränkt zurückzogen, in der sie keinen Dank für etwas Dankenswertes erhielten und daraufhin den Kontakt abbrachen, in der sie sich nicht bedankten, weil es womöglich zu aufdringlich gewirkt hätte. Konnten Sie sich in solchen Fällen entschuldigen, sich selbst korrigieren, verspätet danken oder um Rat bitten? Vermutlich nicht immer. Aus solchen nicht aufgelösten, scheinbar kleinen Unaufmerksamkeiten und Selbstbezogenheiten entwickeln sich manchmal große, völlig unnötige Desaster, die leicht hätten aus der Welt geräumt werden können, zum Beispiel mit dem Eingeständnis, einen Fehler gemacht zu haben. Diese soziale Unbeholfenheit wirkt trennend und ist anstrengend. Gespräche stocken, immer wieder muss ein neuer Anlauf genommen werden. Bis irgendwann auch die erfahrensten Gesprächspartner*innen angespannt reagieren, weil sie auf der Hut sind und die andere Person nicht verletzen möchten. Der Wunsch nach Zugehörigkeit kann also da sein und gleichzeitig durch winzigste Abgrenzungsresonanzen sabotiert werden, die signalisieren: »Ich brauche niemanden.«

## Unterlegenheit, Ohnmacht und Widerstand

Wer die eigene Schwäche als demütigend und schmerzhaft erlebt hat, entwickelt innere Widerstände dagegen, um Rat zu bitten. Um nicht Gefühle der Unterlegenheit und Ohnmacht fühlen zu müssen, wird großes Wissen angesammelt. Sie lernen nur für sich allein, um das Risiko der Demütigung gänzlich auszuschließen.

Mila bemühte sich schon in der Schule darum, die Schulstunden nicht nur nach-, sondern auch vorzubereiten. Sie wusste alle Antworten immer schon im Voraus. In der Universität und im Beruf ging es für Mila genau so weiter, bis sie schließlich für alles das nötige Wissen und die nötige Erfahrung parat hatte, ohne jemanden um Rat fragen zu müssen. Das ermöglichte es ihr, zunächst ohne Kränkung erfolgreich im Beruf zu sein. Ihrer ersten Karrierekrise begegnete sie damit, dass sie sich einen Stapel Karriereliteratur anschaffte und bis in die Nacht hinein las. Ihre Versagensangst führte von klein auf zum inneren Widerstand, der Widerstand führte zu entsprechenden Denk- und Verhaltensmustern und wurde ihr Lebensmodell: sich als Einzelgängerin allein durchzuschlagen.

Berufliche Kontakte baute Mila weder auf noch pflegte sie sie, denn dazu war kaum Zeit. Im Team- und Kollegenkreis glänzte sie durch ihr Wissen. Sie war fachlich anerkannt, aber nicht sozial. Sie wurde auch hier zur Einzelgängerin und zur Außenseiterin. Das bremste ihre weitere Karriere aus. Lange Arbeitszeiten verhinderten private Freundschaften. Das Alleinsein wurde ihr zum Lebensgefühl. Ihre Karriere, die nach außen bisher so brillant wirkte, hatte sie – völlig unnötig – auf Kosten ihres Lebensglücks aufgebaut.

## Missverstandene Vorbilder

Wenn das Wissen darum fehlt, wie Karriereerfolg entsteht, ist das Verhalten erfolgreicher Menschen nicht zu verstehen. So kommt es zu Missverständnissen darüber, wie Einfluss entsteht. Das gezeigte Verhalten erklärt nicht alles. Es braucht die Decodierung: Strategie und Subtext, die hinter dem Offensichtlichen wirken, müssen erkannt werden.

Anders als Mila war Shawn kaum je allein. Er war jahrelang Eishockeyspieler in der Nationalmannschaft, deren Trainer als weltbester Coach galt. Seine »Empfehlungen« waren stets Kommandos, denen sich jeder in der Mannschaft willig fügte. So wurden sie immer besser und standen schließlich bei den Olympischen Spielen auf dem Treppchen.

Mit 32 Jahren, nach seinem Studium der Mikrobiologie, nahm Shawn das Angebot an, auf einem Forschungsschiff in der Arktis zu arbeiten. Die Projektleiterin war brillant, ihre Forschungsergebnisse wurden in der ganzen Welt beachtet, sie erreichte großzügige Finanzierungen für ihr Projekt. Ihr Führungsstil war autoritär und sie erwartete, dass ihr Team funktionierte. Es sollten weder Meinungen geäußert noch Vorschläge gemacht werden, sondern einfach das umgesetzt werden, was sie wollte.

Diese ersten beruflichen Erfahrungen, die engen Beziehungen zu den jeweiligen Vorbildern, die er bewunderte, verfestigten in Shawn die Vorstellung, wie eine erfolgreiche Person zu sein habe. Nie hatte er erlebt, dass eine Führungsperson Unsicherheit zeigte oder um Rat bat.

Dass sein damaliger Eishockey-Coach engen Kontakt zu den erfolgreichsten Team-Coaches der Baseball- und Basketballligen, zu Professor*innen von Sporthochschulen et cetera pflegte, wusste er nicht. Ebenso wenig war ihm der rege Austausch seiner Forschungschefin mit Politiker*innen, Topwissenschaftler*innen und anderen Fachleuten bewusst.

So kam es, dass Shawn in seiner ersten Rolle als Chef in einer Non-Profit-Umweltschutzorganisation unbewusst das beobachtete Verhalten und den Führungsstil seiner Vorbilder nachahmte. Er hatte keine Ahnung, dass er sich mit anderen austauschen sollte, schon gar nicht, mit wem. Zunächst gelangte er mit seinem großen Fachwissen zu Erfolgen, doch es irritierte ihn, dass er das Feedback erhielt, er solle mehr zuhören. Schließlich war er doch eingestellt worden, damit andere von seinen Erfahrungen profitierten? Shawns Karriere stockte und schließlich setzte man ihm eine Betriebswirtschaftlerin als Vorgesetzte vor die Nase. Er verstand absolut nicht, warum nicht er in diese Position befördert worden war.

Eines Tages traf Shawn zufällig seinen ehemaligen Eishockey-Coach, der mittlerweile ein einflussreicher internationaler Sportmanager war. In einem vertraulichen Gespräch nahm er allen Mut zusammen, berichtete von seiner Situation, machte seinem Ärger Luft und offenbarte seine Hilflosigkeit. Plötzlich konnte er Notwendigkeit und Wert des Austauschs mit anderen erfolgreichen Menschen sehen. Für Shawn war es leicht, sein Verhalten zu verändern, weil er gern mit anderen verbunden war. Er konnte seine Erfolgsbremse lösen, seinen Führungsstil verändern und seine Community aufbauen.

## Soziale Ängste und deren Auswirkungen

Das Mindset zu erweitern, den Rat und das Wissen anderer Menschen annehmen zu können, wäre so einfach, wenn es keine sozialen Ängste gäbe. Sie betreffen uns alle, selbst erfolgreiche Menschen werden davon beeinträchtigt. Ob am Beginn der Karriere oder in der Topliga, fühlen sich Menschen manchmal nicht zugehörig und umschiffen weiträumig soziale Situationen, die sie nicht beherrschen.

Im eigenen Unternehmen, in Fachgremien, Meetings und Konferenzen mit Chef*innen, Kolleg*innen, Mitarbeiter*innen ist das kein Problem. Dort fühlen sich auch Menschen mit sozialen Ängsten sicher eingebunden in firmeninterne Prozesse und Projekte. Doch hier entsteht keine Zugehörigkeit zur Liga oder zur Community. Karriererelevant sind vor allen Dingen die informellen Begegnungen außerhalb des organisationalen Kontexts. Dort müssen sie sich aus der Komfortzone wagen und in diese launigen Begegnungen eintauchen: zu gemeinsamen Cappuccino-Pausen, zu gemeinsamen Frühstücken, zu Neujahrsempfängen, zum gemeinsamen Besuch kultureller oder sportlicher Events oder auch zu privaten Einladungen.

Überall dort, wo es für Ambitionierte alles gibt – von Rat über tragfähige Beziehungen bis hin zu Empfehlungen –, wird es für manche schwierig, weil sie sich durch ihre sozialen Ängste ausgrenzen lassen. Und wenn sie sich aus Angst nicht in diesen informellen Raum begeben, kann das zu Irritationen führen: Gastgeber*innen fragen sich, warum sie keine Antwort bekommen haben oder weshalb die Absage so merkwürdig distanziert formuliert war und womöglich auch, warum sie niemals eine Gegeneinladung erhalten. Geschäftspartner*innen wundern sich über den ausbleibenden Dank für ihre Empfehlung oder das ausbleibende Glückwunschgeschenk. Wenn sie dann von einer beruflichen Krise hören, die ein vielversprechender junger Manager erlebt, der neulich auf ihre Einladung nicht reagiert hat – dann fragen sie sich: »Warum hat er denn nicht mich gefragt?«

Soziale Ängste und Unbeholfenheit tarnen sich oft mit großer Raffinesse. Manche Menschen mit einem inneren Widerstand gegen das Um-Rat-Bitten treten in informellen Situationen kenntnisreich und inspirierend, humorvoll und unterhaltsam auf. Die Rede ist von Personen, die auf jedem informellen Event anzutreffen sind und dort nicht selten für Stunden im Mittelpunkt stehen. Sie reden und reden, überbrücken jede Stille, Langeweile oder Peinlichkeit mit ihrem Entertainment. Das klingt gesellig und charmant, doch auch in diesem Fall ist ein innerer Widerstand, eine soziale Angst am Werk: Das geradezu zwanghafte Monologisieren dient der Vermeidung von Nähe, denn es kommt keine echte Begegnung zustande.

Selbst wenn fast alle schon nach Hause gegangen sind, erklärt Miriam, die Marketingchefin eines Modekonzerns, dem letzten Besucher des Events bei einem Absacker noch die Welt. Ihr ist schon aufgefallen, dass sie immer nur ein einziges Mal zu solchen Veranstaltungen eingeladen wird – aber sie kann sich beim besten Willen nicht erklären, warum. Schließlich hören ihr doch alle gern zu. »Weil ich so viele interessante Erfahrungen gemacht und daher so viel zu erzählen habe«, sagt sie sich.

Auf diese verquere Weise kann sich der innere Widerstand mit dem Mythos verbünden, keinen Rat zu brauchen. Machen Sie sich bewusst: Wer von sozialen Ängsten geplagt ist, nimmt diese nicht unbedingt als Ängste wahr, sondern tarnt diese vor sich selbst mit vernünftig klingenden Argumenten:

- »Ich werde nicht mehr eingeladen, weil ich den anderen die Show stehle.«
- »Andere haben ja kaum etwas zu erzählen, was ich nicht unterhaltsamer erzählen könnte …«
- »Ich habe so viel erlebt, das ist interessant für andere Menschen.«
- »Andere Menschen hören mir gern zu, weil meine Erfahrungen für andere sehr lehrreich sind.«
- »Ich treffe auf so wenige interessante Menschen und mich langweilen die meisten Beiträge anderer über unbedeutende Dinge.«

Johan erzählt gern und ausführlich von seinen Erfahrungen. Sein wiederkehrendes Thema ist, wie übel ihm mitgespielt wurde. »Und dann wurde mir einfach gekündigt, mitten im Erfolg, stellen Sie sich das vor.« Sein beharrlich wiederholtes Narrativ enthält keinerlei Hinweise und Erkenntnisse darüber, wie es wohl dazu gekommen sein könnte. Sein eigener Anteil bleibt im Dunkeln. Er stellt sich beredt als Opfer dar, die anderen als Täter.

Mit dieser dramatischen Story kann er seinen Widerstand gegen Reflexion und das Um-Rat-Bitten vor sich selbst und anderen tarnen. Seine besserwisserische Haltung setzt eine soziale Negativspirale in Gang, die das vertraute Gespräch mit anderen unmöglich macht. Alle Zuhörer*innen ahnen, dass es in dieser Geschichte Lücken gibt, irgendein Tabu, das verschwiegen wird und keinesfalls angesprochen werden darf. Auch Johan scheint das unbewusst zu wissen, denn nie fragt er sein Gegenüber: »Was meinst du dazu? Was hätte ich anders machen können? Kann ich jetzt noch etwas bewirken?« Äußert sich jemand dennoch ungefragt und bohrt nach: »Warum hast du deinem Chef nichts davon gesagt?«, beharrt Johan ärgerlich darauf, alles richtig gemacht zu haben. »Das war doch gar nicht möglich.« Und die Zuhörer*innen verstummen. Tabuthemen haben die Eigenart, dass sie sich ausweiten, es wird für andere schwieriger, unbeschwert mit Johan umzugehen. Ihr Bemühen um

Kontakt lässt in der Folge nach. So gibt es weniger vertraute Gespräche, bis sie ganz ausbleiben. Johans Zugehörigkeitsgefühl schwindet nach und nach. So schließt sich der Kreis mit der einsamen Erkenntnis: »Niemand kann mir einen Rat geben, ich muss auf meine eigene Erfahrung bauen.«

Soziale Ängste kennen alle Menschen. Wenn Sie Ihre Ambition leben und Ihre Karriere gestalten wollen, dann werden auch Ihnen irgendwann Ihre sozialen Ängste begegnen und Sie sich in einer gesellschaftlichen Situation unbeholfen fühlen. Der heute international bekannte Professor für Physik an der Northeastern University in Boston Albert-László Barabási erzählte in einem Interview davon, wie er seine sozialen Ängste mit der Zeit überwinden oder zumindest besser damit umgehen konnte:

> »Als ich mit 26 Jahren Professor wurde, war ich sehr schüchtern, wie viele meiner Kollegen. Es kannten mich auch nicht viele. Mir war aber klar, es reicht nicht, Paper zu veröffentlichen. Die Forscher, die zu den Großen in meinem Fach gehören, müssen mich kennen und ich muss sie kennen. Bei meiner ersten Konferenz, an der ich als Professor teilnahm, ging ich zu einem der ganz großen Nummern und sagte: ›Hallo, ich bin László Barabási. Ich habe Ihre Arbeit gelesen, hätten Sie Zeit, mit mir zu Abend zu essen? Ich würde mich gerne darüber unterhalten.‹ Ich war davon überzeugt, dass er sagen wird, ich solle verschwinden. Aber er sagte nur, Abendessen gehe nicht, aber vielleicht hätte ich mittags Zeit. Das war ein wichtiger Moment, in dem ich realisierte: Niemand beißt einem den Kopf ab, wenn man auf ihn zugeht und mit ihm spricht. Vor allem nicht, wenn man ihre Arbeit kennt und anerkennt. Ich habe danach meine sozialen Fähigkeiten daran angepasst. Ich beherrsche die Kunst, mit anderen zu sprechen, mittlerweile ziemlich gut. Menschen, die mich jetzt kennenlernen, denken, ich sei sehr extrovertiert. Das habe ich mir angelernt. Tief drin würde ich mich am liebsten in meinem Zimmer verschanzen und Theoreme lösen.«[37]

Das soziale Kapital, die sozialen Fähigkeiten zu erweitern, gehört zu einem ambitionierten, erfüllten Leben. Doris Märtin zeigt in ihrem sehr empfehlenswerten Buch *Habitus*, wie entscheidend die »Kunst dazuzugehören«[38] für die große Karriere ist. Manche sehnen sich danach, endlich die spannenden, launigen Gespräche mit anderen erfolgreichen Menschen zu führen, die sie mit einem ambitionierten Leben verbinden, doch scheint es ihnen gleichzeitig unmöglich, ihren bisherigen Lebensentwurf zu verändern. Andere, wie der junge Barabási, probieren es aus. Sie warten nicht darauf, dass ihre Ängste einfach verschwinden, sondern stürzen sich mutig in für sie schwierige soziale Situationen. Was in der Psychotherapie »Konfrontationsverfahren« heißt, ist auch im wahren Leben möglich: sich den Situationen zu stellen, die schwierig sind, so lange, bis sie einfacher werden.

## Ihre Karrierestrategie: Sie sind im Resonanzloop

Rat suchen heißt Zugehörigkeit finden. Um Rat zu bitten, ist die Fähigkeit, soziale Resonanz zu erzeugen und soziale Zugehörigkeit wiederum ist das ursprüngliche Thema im Leben jedes Menschen. Ob sich jemand zugehörig fühlt, welchen Menschen oder welchen Gruppen jemand angehören möchte, wie jemand Zugehörigkeit sucht, gestaltet und findet – diese Fragen und Überlegungen definieren, wohin die Karriere führt. Sie definieren darüber hinaus das Lebensgefühl, den Lebensstil und die Lebensfreude.

Ein sehr starkes Zugehörigkeitssignal ist es, um Rat, Information oder Erklärung bitten zu können. Ohne dieses Repertoire stehen die Chancen, zu verhandeln oder andere zu begeistern, schlecht. Wenn bewundert, gestaunt, nachgefragt und zugehört wird – also Nähe hergestellt wird –, öffnen sich die Mitmenschen und sind bereit, auch Ideen anzunehmen, die ihren eigenen zuwiderlaufen. Wer diese Phase überspringt, zeigt manchmal, ohne es zu wollen: »Ich kenne dieses Ritual nicht und ich habe auch nicht verstanden, worum es geht.« Und: »Ich brauche euch nicht, ich gehöre nicht zu euch.« Achten Sie darauf, solche negative Subtexte nicht auszusenden.

Für viele ist das Schaffen eines Zugehörigkeitsgefühls ein unbewusstes und unkompliziertes Geschehen. Sie wissen bereits im Kindergarten, in der Schule, im Studium, in den ersten Berufsjahren, zu wem sie gehören und welches ihre Bezugsgruppe ist. Sie stehen in der Pause zusammen, frotzeln, tauschen unverbindliche Belanglosigkeiten aus, die früher oder später zu Freundschaften führen. Das gehört zu ihrer intuitiven emotionalen Grundausstattung. Je erfüllter ihr Leben ist, je erfolgreicher sie sind, umso selbstverständlicher können sie sich in neue Gruppen einfügen und deren Zugehörigkeitscodes entschlüsseln. Ihnen gelingen subtile Anpassungsprozesse, ohne ihre Identität aufzugeben oder sie gefährdet zu sehen.

Anderen – ebenso klugen wie liebenswerten – Menschen ist das Gefühl der Zugehörigkeit fremd und es ist für sie eine lebenslange Aufgabe, es zu herzustellen. Nicht dazuzugehören ist für sie ein so vertrautes Gefühl, dass sie die dazugehörige Dynamik unbewusst immer wieder neu herstellen. Der Wunsch nach Zugehörigkeit ist zwar da, aber wenn dieses Gefühl nicht vertraut ist, ist es schwer, überhaupt die Notwendigkeit zu erkennen, ein Repertoire dafür zu entwickeln. Denn dazu braucht es den Kontakt, die Resonanz anderer, also genau das, was ihnen Schwierigkeiten bereitet.

Dazuzugehören ist ein Gestaltungsprozess, es gibt keinen Automatismus dafür, auch wenn es von außen so wirkt. Das Gefühl des Ausgeschlossenseins haben wir alle schon einmal erlebt. Wer in der einen Gruppe groß rauskommt, kann in der anderen völlig untergehen. Aus diesen Erfahrungen heraus passen sich Menschen unablässig neuen Bedingungen an. Wenn sie Grenzen erkennen, dann suchen sie einen neuen Umgang damit. Aber welchen? Rückzug und Vermeidung, oder Neugierde und Entdeckung? Wer im Leben auf Entdeckungstour ist, sieht Chancen im Neuen. Wie lassen Sie das Allein-Universum hinter sich und begeben sich in einen Karriere-Resonanzloop?

## Arbeit, Leistungen und Erfolge können nicht, was Zugehörigkeit kann

Die Bausteine für Zugehörigkeit sind Resonanzloops. Es gehört Disziplin dazu, den eigenen Redefluss zu zügeln und stattdessen in Resonanzloops zu kommunizieren, und eine Haltung des Interesses, des Staunens, der Bereitschaft, sich beeindrucken zu lassen, zu entwickeln.

Was passiert dabei genau? Der erste Loop führt von einer Person zur anderen und wieder zurück. Das Gegenüber wird ermutigt, sich auf eine Weise zu zeigen, die es ihr oder ihm ermöglicht, positiv über sich zu denken und zu sprechen. Das bewirken Sie zum Beispiel mit Fragen wie »Was bewegt Sie?«, »Wie haben Sie das erreichen können?«. Nach der Antwort gehen Sie in Resonanz: »Großartig, was Sie aufgebaut haben.« Dann zeigen Sie sich selbst: »Mir kommt es immer darauf an …« Dazwischen gibt es Anknüpfungspunkte, Gemeinsamkeiten werden hergestellt, Äußerungen werden wiederholt, aufgegriffen, bestätigt und reflektiert: »Wir wünschen uns ja beide, dass …«, »Sie meinen also …«, »Das ist ja wirklich interessant, das wusste ich nicht«. Aussagen werden paraphrasiert, mit Blicken oder Kurzlauten bestätigt. Wenn beide Gesprächspartner*innen sich in ihren Anliegen, Werten und Persönlichkeiten gespiegelt fühlen, kann das der Beginn einer wunderbaren Freundschaft sein.

Was in der Theorie so einfach klingt, ist in der Praxis aber nicht selbstverständlich:

- Zum einen liegt es daran, weil insbesondere Menschen in Führungsrollen die eigenen Redeanteile dramatisch unterschätzen. Sie müssen aktiv und bewusst gegen diese Selbsttäuschung angehen.
- Zum anderen, weil eine Karriere mit vielen echten und vermeintlichen Prüfungs- und Bewertungssituationen verbunden ist. Deswegen wollen ambitionierte Menschen ihre Kompetenzen beweisen. Es wird ihnen zur Gewohnheit. Sie wollen zeigen: »Schaut her, ich mache alles richtig.«

Wie lassen Sie das Universum des Alleinseins hinter sich und begeben sich in einen Karriere-Resonanzloop? Wenn Sie andere um Rat bitten, passiert vieles:

- Sie finden Zugehörigkeit.
- Sie sehen Lösungen.
- Sie lernen Ihre eigenen Erfolg bringenden und Erfolg bremsenden Muster kennen und können sie überwinden.
- Ihre inneren Widerstände und Ängste lösen sich nach und nach auf.
- Ihre Selbstwirksamkeitserwartung und -kompetenzen steigen, denn Sie lernen, was Sie selbst tun können, ohne sich als Opfer zu fühlen.
- Andere werden auch Sie um Rat bitten, das stärkt den Resonanzloop zusätzlich.
- Sie fühlen sich in Bewegung.
- Sie erleben Verlässlichkeit und Loyalität.
- Ihre Zuversicht steigt.
- Ihr Glücksstreben wird gestärkt.

Nutzen Sie Resonanzloops auch im virtuellen Raum. Interessante Gedanken und Bilder posten und dafür viele Likes einsammeln – das ist die moderne Form des Vielredens und Monologisierens. Diese Art der »Kommunikation« schafft Distanz und Gleichgültigkeit statt Nähe und Wohlwollen. Sie ist das genaue Gegenteil eines Resonanzloops. Wie können Sie die Wirkung des Resonanzloops auch virtuell erreichen?

So nicht:

- Immer nur posten.
- Guruhaft Inhalte posten, die nicht zum Kern Ihrer Expertise gehören.
- Selfies von Ihnen allein beim Lesen, Skifahren, Arbeiten, Frisieren, Spielen, im Krankenhaus, im Konzert und im Wald hochladen.
- Über Krankheiten, Politik und Probleme posten.

- Negativ, kritisch, abgrenzend, abwertend andere Menschen kommentieren.

So geht der Resonanzloop weiter:
- Liken Sie.
- Folgen Sie.
- Feiern Sie Erfolge anderer, gratulieren Sie ihnen.
- Kommentieren Sie.
- Und antworten Sie auf Kommentare. Teilen Sie Ihre Freude über eigene Erfolge.
- Loben Sie und machen Sie Komplimente.

Stellen Sie interessierte Fragen, die andere ermutigen, auf positive Weise über sich nachzudenken, wie: »Wie haben Sie das geschafft?« Verbinden Sie Menschen miteinander, stellen Sie sie einander virtuell mit großen Worten vor. Empfehlen Sie Personen an jemanden, der gerade eine Position zu besetzen hat.

## Zeigen Sie sich zuversichtlich

Es ist Ausdruck eines stabilen Selbstwertgefühls, vertrauten Menschen und Community-Mitgliedern in Zeiten der Verletzlichkeit die eigene Gefühlswelt zu öffnen, Sorgen zu teilen, um Rat zu bitten. Allerdings nicht öffentlich, sondern im privaten und vertraulichen Rahmen. Ambitionierte Menschen betonen in schwierigen Zeiten nicht demonstrativ ihre Stärke, ihre Zuversicht hingegen schon. Die Fähigkeit, um Rat fragen zu können, drückt aus, wie Menschen sich unbeschwert in der Welt verorten; sie fühlen sich zugehörig, von anderen Menschen getragen und heimisch im Zusammensein. Ihr flexibles Mindset ermöglicht ihnen eine große Rollenflexibilität. In der einen Situation können sie schwach sein und wissen auch mal nicht weiter, dann wieder sind sie stark und mächtig und strahlen dies auch aus. Deshalb fällt ihre Bewertung anderer Menschen milde und wohlwollend aus. Sie wissen um ihre eigenen Schwächen und können daher großzügig über die anderer Menschen hinwegsehen.

Sie verharren zudem nicht in Schwierigkeiten oder versinken in Selbstmitleid, sondern gehen ihre Probleme aktiv an.

Der Karrieremythos »Nur Schwache brauchen Rat« diskreditiert Menschen, die sich für das Wissen anderer interessieren. Er wirkt deshalb stagnierend, weil er die Kerndynamik von Karrieren betrifft. Wie stark das Lernen und damit die eigene Karriere abhängig ist von Kontakten zu anderen Menschen, beweisen auch die Forschungen des bereits erwähnten Albert-László Barabási. Gestützt auf mathematische Analysen zeigen seine Ergebnisse eindeutig: »Es gibt so etwas wie Naturgesetze des Erfolgs.«[39] Was erfolgreiche Menschen machen, aber nicht wissen, ist genau das, was wir in diesem Buch beschreiben und was Barabási bestätigt: Es gibt eine universelle Systematik gelungener Karrieren, die für alle Professionen gilt und überall, die bei Normalsterblichen genauso wie bei Genies funktioniert. Zugehörigkeit ist für die Karriereentwicklung essenziell. Barabási kam über seine Erfolgsforschungen 2017 zu dieser Erkenntnis, wir Autorinnen über unsere Beratungstätigkeit, die seit über zwei Jahrzehnten davon bestimmt ist. Erfolg braucht viele andere Menschen. Für unsere Klientinnen und Klienten ist es ein Wendepunkt im Leben, wenn sie erkennen, wie viel sie anderen Menschen zu verdanken haben und wie wichtig diese für sie sind. Gerade in Momenten, in denen sie ausgebremst wurden, gescheitert waren oder sich allein fühlten, gab es andere Menschen, die sich wünschten, sie wieder erfolgreich zu sehen, und die bereit waren, sie darin zu unterstützen.

## Kultivieren Sie eine Stimmung ständiger Gesprächsbereitschaft

Bringen Sie in Erfahrung, wie andere Schwierigkeiten bewältigt haben, wie Lösungen aussehen können, wie sich jemand kläglich fühlen und dennoch stark sein kann. So weiten Sie Ihre Gefühls-, Erlebnis- und Erkenntnispalette aus. Gut gelaunt würdigen Sie die Erfahrungen anderer. Sie haben keinerlei Interesse, mit dem Erreichten zufrieden zu sein, mental und emotional stehen zu bleiben, sondern suchen nach Entwicklung. Neugierde auf andere Menschen, Staunen, Begeisterung für die Erkundung neuen Wissens sind Karrierebeschleuniger. Wer lernt, ist in Bewegung, schwingt sich unbeschwert ein in neue Codes, Sprachen, Rituale, Unternehmen und soziale Gruppen. Nachhaltig erfolgreiche Menschen saugen ständig Wissen von anderen auf.

Informelle Businessgespräche bewegen sich unablässig im Resonanzloop. Im Wesentlichen werden diese Gespräche durch Fragen befeuert wie:

- Wie haben Sie das gemeistert?
- Wie haben Sie Ihr Unternehmen aus der schwierigen Situation geführt?
- Hätten Sie eine Idee, wie ich in diesem Fall vorgehen sollte?
- Was habe ich Ihrer Meinung nach übersehen?
- Wie erleben Sie meine Rolle in dieser Situation?
- Sollte ich lieber hier investieren oder dort?
- Wäre eine Bewerbung in diesem Unternehmen sinnvoll?
- Welche Erfahrungen haben Sie mit dieser Unternehmensberatung gemacht?
- Was ist dafür der Schlüsselfaktor?
- War es leicht für Sie, die Gewerkschaften zu überzeugen? Wie haben Sie das geschafft?
- Was könnte ich jetzt machen?

Sich für die Erfahrungen anderer zu interessieren und offene, freundliche Fragen zu stellen, ist ein Ritual. Meistens sind es nicht stundenlange, tiefgründige Gespräche bis in die späte Nacht hinein, sondern mal wird hier und mal dort ganz nebenbei eine Frage gestellt, ein Tipp gegeben oder Rat gesucht. Dies ist eine Gesprächskultur, die das flüssige Umschwingen von Leichtigkeit auf Tiefgang erlaubt und wieder zurück. Es werden keine Erfolgsnarrative abgespult oder Statements abgegeben. Was eigene Strategien betrifft, so werden diese eher fragend bis zögerlich angesprochen. Niemand muss argumentativ überzeugen, alle wollen sich selbst verstehen und im Dialog andere Erfolgsmuster kennenlernen. Die Stimmung ist: »Ich höre auf andere, lerne dazu, ziehe daraus meine Schlüsse, teile mich mit und genieße diese beschwingte Stimmung.« Manchmal ist es ein Satz, lässig dahingesagt, vielleicht am Ende der Essenstafel, in diesem Moment unbeachtet, der sich später als richtungsweisend für die eigene Karriere erweist.

»Einfach machen«, heißt es häufig. Warum ist dies ein Leitsatz erfolgreicher Menschen? Weil es nicht reicht, sich mit der Karriere gedanklich zu beschäftigen, über Widerstände nachzugrübeln und neue Schwächen an sich zu entdecken. Es braucht die aktive Bewegung hin zu etwas Neuem.

# 7. Mythos: Ohne Glück keine Karriere

## Wie der Mythos sich zeigt: *»Manchmal muss auch der Zufall zu Hilfe kommen, sonst ist alle Anstrengung umsonst.«*

Manche Erfolgsstorys klingen einfach märchenhaft. Wenn erfolgreiche Persönlichkeiten der Wissenschaft, Politik, Wirtschaft oder Kunst gefragt werden, was der Schlüssel zu ihrer großen Karriere gewesen sei, antworten sie gerne: »Purer Zufall«, »Ich hatte eben Glück« oder »Ich war zur richtigen Zeit am richtigen Ort«. Diese Aussage wird dann garniert mit der passenden Geschichte. Diese mag durchaus stimmen, doch was tatsächlich dazu geführt hat, dass ihre Karriere sich so und nicht anders entwickelt hat, bleibt dennoch unerwähnt.

Aufs Glück berufen sie sich teils aus Bescheidenheit, um nicht ihr Talent und ihre Entscheidungen herausstellen zu müssen, teils aus tatsächlicher Unkenntnis. Sie wissen es wirklich nicht besser. Und die Menschen, die ihnen zuhören, glauben es. Aber was wie ein unerwarteter, unangestrengter Zufall im Karriereverlauf aussieht, hat immer eine lange Vorgeschichte.

Einige von ihnen erinnern sich mit Schrecken an ihre schwierige Schulzeit, allenfalls durchschnittliche Noten, sorgenvolle Eltern und Lehrer, die über sie hinwegsahen. Das Studium – oje! – sicherlich nicht an einer Eliteuniversität. Auch die erste Anstellung fanden sie nicht bei einer fancy Company. Kein Erfolg weit und breit. Lange Zeit erschien es ihnen, als ob es keinen richtigen Platz für sie gäbe.

Bei jeder Aufgabe fehlte etwas oder war etwas zu viel, sodass andere besser aussahen und leichter zurechtkamen. Es war eine ungeheure Anstrengung, sich anzupassen, und dennoch blieben sie Mittelmaß oder waren Außenseiter*innen. So viele andere waren so viel besser als sie und beliebter. Sie selbst wurden entlassen oder fanden lange keinen neuen Job. Sie waren kein Erfolgsversprechen. Sie lernten immer mehr dazu, gaben nie auf und nahmen Aufgaben an, die weit unter ihrem Talent angesiedelt waren. Zu einer Karriere gehören die Fähigkeiten, dranzubleiben, nicht in Enttäuschung zu verharren, das eigene Verhalten zu überprüfen und aus Fehlern zu lernen. Das bewirkt die Ambition.

Nena ist eine 40-jährige kaufmännische Angestellte, die ihr Hochschulstudium wegen einer Prüfungsangststörung nie abgeschlossen hat. Sie arbeitete jahrelang in einer Hausverwaltung. Der Job war sehr hart, lange Stunden, geringer Verdienst, wenig soziales Ansehen, dafür viel Verantwortung ohne Aufstiegsmöglichkeiten. 13 Jahre lang führte sie ein Team von bis zu 40 gering qualifizierten Allround- und Reinigungskräften. Weil ihr das gut gelang, wurde sie nach und nach zur Ratgeberin für die junge Personalreferentin und den Controller.

Eines Tages verstarb plötzlich der geschäftsführende Gesellschafter des Facility-Management-Unternehmens, das mittlerweile mehrere Hundert Mitarbeiter*innen zählte. Die Inhaberfamilie setzte interimistisch einen betagten Verwandten als Nachfolger ein, der damit sowohl überfordert als auch unglücklich war. Die Chefsekretärin wandte sich daher immer öfter an Nena und fragte, was in dieser oder jener Situation zu tun sei. Auf diese Weise ergab sich, dass Nena plötzlich das Unternehmen zusammenhielt, Mitarbeiter*innen motivierte, Strukturen veränderte und Prozesse bereinigte. Sie machte es einfach und andere folgten ihr. Sie gewann neue Kund*innen und fähiges Personal. Eigentlich hatte sie das ja schon immer getan – im Hintergrund, ohne darüber zu sprechen, welche Bedeutung sie mittlerweile im Unternehmen hatte. Deshalb konnten andere das nicht erkennen. Es machte ihr große Freude und ihr Freiraum wuchs. Diese Entwicklung blieb der Inhaberfamilie nicht verborgen und eines Tages schlugen sie ihr vor, die Geschäftsführung zu übernehmen.

Dass der Geschäftsführer verstarb, war Zufall. Alles andere nicht. Doch solange Nena nicht selbst erkennt, was sie alles geleistet hat und wie sehr sie von ihrer großen Ambition angetrieben war, hat sie keine Erklärung für ihren Erfolg. Arbeit ist nur dann mühevolle Schufterei, wenn sich die Ambition nicht am richtigen Ort entfalten kann. Dieser richtige Ort kommt durch das Ausleben der Ambition, nicht von Zauberhand. Ambition treibt zur Höchstleistung an, will sich vervollkommnen, sieht überall Optimierungen und Chancen, lernt dazu und arbeitet am Erfolg. Es sind Jahre, manchmal Jahrzehnte, harter Arbeit, die einem entscheidenden Karriereschritt vorausgehen.

Zu Beginn gibt es oftmals keine bemerkenswerten Karrierechancen. Damit diese sich eröffnen, ist Ihre Hingabe gefragt. Manchmal bleibt jemand zu lange am falschen Ort, arbeitet sich an Gegebenheiten ab, die in eine dauerhafte Enttäuschung oder einen Burn-out führen, statt weiterzubringen. Oder jemand wechselt zu früh oder immer wieder die Arbeitsstelle, selbst bei den kleinsten Hindernissen. Oder es werden Schuldige für schwierige Situationen und Karrierestagnation gesucht, statt zu lernen und sich weiterzuentwickeln. Die Ambition muss Regie führen dürfen und Raum zum Lernen bekommen – bis die gute Gelegenheit kommt. Das ist die Basis für Ihren Erfolg. In jeder Disziplin gehört die Ochsentour zur Karriere. Im Management, in der Kunst, der Politik, der Wissenschaft und im Sport: Niemand fängt automatisch ganz oben an, taucht aus dem Nichts auf oder überspringt eine Stufe, ohne Leistungsbeweise abgeliefert zu haben – nicht einmal Söhne oder Töchter von Unternehmerfamilien. Manche Menschen erleben diese erste Stufe des Arbeitens und Leistens bereits als Erfüllung. Es ist ein großes Privileg, von Beginn an die Arbeit zu lieben, in ihr aufgehen zu können und im Flow zu sein. Wer dabei von Glück spricht, erkennt aber die Zusammenhänge nicht.

»Dann hatte ich einfach Glück und saß neben dem CEO.« Doch wie viele andere haben schon neben CEOs gesessen und diese Gelegenheit nicht für sich und ihre Karriere nutzen können? Oder sie saßen neben dem Projektassistenten, dessen Menschenkenntnis der CEO sehr schätzt. Oder sie saßen neben jemandem, der den Projektassistenten sehr gut kennt. Nur dachten sie, der sei nicht wichtig für sie, warfen die Visitenkarte weg und damit auch ihr »Glück«. Neben wem Sie sitzen oder wem Sie auch sonst begegnen – Vorstand, Assistentin et cetera –, fragen Sie sie nach ihren Aufgaben, antworten Sie wertschätzend, hören Sie gut zu, machen Sie sich ein Bild von Ihrem Gegenüber und sprechen Sie kurz in großen Worten über Ihre eigenen Anliegen und Ambitionen. Die Betonung liegt dabei auf »kurz«. Und später schreiben Sie eine Dankeskarte, wie inspirierend Sie dieses Gespräch erlebt haben.

Strategie ist das Gegenteil von Glück. Sie erfordert Disziplin: freundlich sein, dankbar, positiv, wertschätzend und sich selbst gut positionieren. Der Glaube an Zufall und Glück ist entlastend, wenn Sie nicht so schnell und weit vorankommen wie erhofft. Wer sich vom Pech verfolgt fühlt, stellt seine Bemühungen ein und macht Dienst nach Vorschrift. Wer an den Zufall glaubt, entwickelt keine Selbstwirksamkeitsüberzeugung. Erfolgreiche Menschen wissen durchaus, dass nicht alles, was in ihrer Karriere geschieht, von ihnen selbst verursacht wird. Sie selbst haben eine Dynamik und die Realität hat ebenfalls eine. Doch je stärker ihre Überzeugung ist, selbst viel bewirken zu können, desto selbstgewisser, erfolgsgewisser und wirkmächtiger agieren sie – und das macht den Unterschied. Wer sich selbst viel zutraut, der oder dem trauen auch andere viel zu. Solche Menschen können umschalten von Enttäuschung in Reflexion und Aktion. Sie erleben ihre Karriereambitionen nicht als Nullsummenspiel, in dem es um alles oder nichts geht, sondern um kontinuierliches Bemühen.

## Wie sich der Mythos mit Ihren inneren Widerständen verbündet und Ihrer Karriere schadet: *»Ich sehe doch, wie viel Glück andere Menschen haben, die Karriere machen. Ich bräuchte auch einen glücklichen Zufall.«*

Karriere ist ein Selbstermächtigungsprozess, der aus der Sicherheit in eine unbestimmte Situation führt – und zwar bei jedem Karriereschritt aufs Neue. Dafür brauchen ambitionierte Menschen den unbedingten Willen, sich aus der vertrauten Gruppe herauszuheben. Die Psyche hält jedoch viele Widerstände bereit, die nur durch unbedingten Willen besänftigt und überwunden werden können.

Warum passt die Vorstellung, dass Karrieren von Glück und Zufall gelenkt werden, so gut zu den inneren Widerständen? Für Menschen, die gerade mit einer Krise oder einem Misserfolg umgehen müssen, ist der Mythos eine Entlastung: »Für mein Schicksal bin ich nicht verantwortlich. Ich habe es nicht herausgefordert und kann auch das Scheitern nicht verhindern. Ich hatte alles gut geplant, aber da kann man nichts machen. Ich bin genauso gut, aber andere haben eben mehr Glück.« Diese Sichtweise bringt mehrere Vorteile mit sich:

- Sie müssen Ihr Selbstwertgefühl nicht infrage stellen, denn Sie müssen sich nicht eingestehen, dass Sie nicht gut genug waren, und müssen sich keinem Vergleich stellen.
- Sie müssen keine weitere Ursachenforschung betreiben.
- Es muss niemand beschuldigt oder angeklagt werden. Die soziale Harmonie bleibt bestehen.
- Sie müssen sich nicht mehr anstrengen, nichts dazulernen und sich nicht verändern. Das ist eine große Entlastung, weil jede Veränderung mit neuen Risiken verbunden ist, denn der Ausgang ist ungewiss.
- Sie müssen niemanden um Rat bitten und auch keinen Rat annehmen. Sie behalten die Definitionshoheit in der Einschätzung Ihrer Entwicklung.

Bei Menschen, die gerade einen Durchbruch oder eine Beförderung erlebt haben, sind Zufall oder Glück eine einfache Erklärung für etwas Unerklärliches. Sie wissen nicht genau, warum sie erfolgreich sind, aber so können sie es einfach dabei belassen. Menschen versuchen gerne, einen Sinn in etwas Unerklärliches hineinzuinterpretieren – und voilà, das Schicksal kommt da oftmals gerade recht. Außerdem ist es eine Erklärung, die niemanden kränkt. Indem sie sich den Erfolg nicht selbst zuschreiben, ziehen sie auch keinen Ärger an und gelten nicht als arrogant. Die sozial akzeptierte Glückstheorie vermag kaum Neid hervorzurufen. Glück ist, im Gegenteil, attraktiv. Wenn sie von Glück sprechen, müssen sie eventuell genossene Privilegien ihrer Erziehung oder Ausbildung nicht öffentlich rechtfertigen oder sich gar dafür entschuldigen. Andere, weniger Privilegierte, können »Schwächen« in ihrer Laufbahn adeln, damit das Glück noch größer erscheint: Eigentlich kam ich aus ganz kleinen Verhältnissen und kannte niemanden – und dann begegnete ich zufällig auf einer Veranstaltung Person XY.

Dieser Mythos ist für erfolgreiche Menschen auch deshalb verführerisch, weil sich ein großer Erfolg ebenso wie das Scheitern traumatisch auswirken kann. In unserem Buch *Ambition* beschreiben wir das Phänomen des Erfolgsschocks.[40] Unsere Psyche ist nicht für große Karrieren gemacht. Große Erfolge lösen Erschütterungen aus, auf die niemand vorbereitet ist. Der Zeitpunkt ist oft überraschend. Ängste tauchen auf: »Werde ich die Bodenhaftung verlieren? Meine Freund*innen und Vertrauten? Meine Zugehörigkeit?« Bis hin zur Frage: »Habe ich das tatsächlich bewirkt oder verdient?« Auch die Selbstgewissheit ist nach einem großen Erfolg fragil: »Wer bin ich jetzt mit diesem Erfolg? Wo bin ich verortet?« Erfolgreich sein zu wollen und es tatsächlich zu sein, sind zwei vollkommen unterschiedliche Gefühlswelten. Manchmal ziehen sich Menschen nach einem Karrieredurchbruch zurück – statt anderen zu danken und selbst zum Feiern einzuladen. Manche stürzen sich völlig unangemessen in die Arbeit, um den Erfolg nachträglich zu legitimieren, und geben damit Anlass zu Irritationen und kognitiver Dissonanz:

»Wie kann es sein, dass sie für diesen Award nominiert wurde und jetzt nicht mal für Gratulationen erreichbar ist? Versteckt sie sich hinter ihrer Arbeit? Da stimmt doch etwas nicht, oder?«

Wenn die Psyche noch nicht reif genug ist, um einen großen Erfolg zu verarbeiten, wird oftmals der Glücksmythos aktiviert.

Philipp sagt: »Als ich dieses große, von der UN mitgeförderte Recyclingprojekt in Chennai gegen alle bürokratischen Widerstände erfolgreich abgeschlossen hatte, war überhaupt nicht klar, ob es im Headquarter eine neue Position für mich geben würde. Genau da kam der Headhunter-Anruf – ein Glücksfall aus dem Nichts.« Hier entlarvt sich der »Glücksfall« von selbst, denn Philipp wirft viele verbale Erfolgsassoziationsanker aus, die andere, die in diesem Feld tätig sind, kaum überhören können: »großes Projekt«, »Recycling«, »Chennai«, »UN-gefördert«, »erfolgreich«, »gegen Widerstände«. Wenn er immer so über sich spricht, werden andere aufmerksam und werden diese Worte aufgreifen und ihn empfehlen.

Große Erfolge müssen psychisch verarbeitet werden. Sie erfordern Disziplin und das Wissen, wie sie in ein Erfolgsnarrativ gekleidet werden können. Die Kommunikation darüber mit anderen ist nicht leicht – etwa wenn es Konkurrenz gab und andere sich Hoffnungen auf diesen Job gemacht haben oder sie eigentlich mit der Beförderung »dran gewesen« wären. Da kommt der Glücksmythos wie gerufen, um sich diesen potenziell problematischen Themen nicht stellen zu müssen.

Der Widerstand gegen das große Erfolgserleben zeigt sich nicht nur durch das Glücksnarrativ, sondern durch unerklärliche Entscheidungen ambitionierter Menschen, die als durchdachte Ratio präsentiert werden, tatsächlich jedoch Ausdruck großer Erfolgsängste sind. Wenn jemand die Traumposition in der nächstgrößeren Stadt ausschlägt, weil jetzt dieses eine Projekt fertiggestellt sein muss; wenn plötzlich das Leben auf dem Land oder im Homeoffice so verheißungsvoll erscheint, dass Geschäftsreisen unattraktiv werden; wenn ein Haus gebaut wurde und ein Umzug deshalb unmöglich erscheint. Manchmal dient auch der Zufall als gesichtswahrende Erklärung: »Der Konzern wird komplett umorganisiert und meine Stelle fällt weg – das ist Pech.« Ja, die Umorganisation mag Zufall sein, aber wer danach noch einen Job hat und wer nicht, ist kein Zufall.

Argumente lassen sich immer finden, sie klingen einleuchtend, doch oftmals verhindern sie, dass Menschen sich über sich selbst erheben können, weil ihr Selbsterkenntnisprozess unterdrückt wird. Kae Tempest beschreibt den notwendigen Selbsterkenntnisprozess exakt: »Ich kann nicht erwarten, dass mir plötzlich ein Licht über das Wesen meines Charakters aufgeht – oder die Richtung, die mein Leben nimmt, oder warum ich X mache, wenn mich Y vor Herausforderungen stellt –, wenn ich gerade am Herd stehe und Zwiebeln brate. Ich muss sehr viel Arbeit investieren, um auf mein eigenes Verhalten zu achten, und umso mehr, wenn ich hoffe, es zu ändern.«[41]

## Mangelnde Decodierungsfähigkeiten

Erfolgreiche Menschen folgen ihrer Ambition und sind Expert*innen für ihr Thema, nicht dafür, wie Erfolg entsteht, verarbeitet oder kommuniziert wird. Auch nicht ihr eigener. Warum nicht? Sie können ihn nicht decodieren, weil gerade das, was sie so erfolgreich macht, für sie leicht ist und selbstverständlich. Viel Arbeit, die manchmal anstrengend, aber dennoch leicht ist. Und deshalb, so vermuten sie, könne diese nicht zu ihrem Erfolg geführt haben.

Harri, ein junger finnischer Ingenieur, ist an einem Digitalisierungsprojekt eines französischen Traditionskonzerns beteiligt. Er verfasst ein brillantes Strategiepapier. Von den Inhalten versteht Harri nicht viel, vieles hat er von anderen Experten übernommen, aber die Formulierungen, Schaubilder und die ganze Aufbereitung beeindrucken das Topmanagement. Obwohl offiziell Englisch gesprochen wird, hat Harri das Konzept mithilfe eines guten Übersetzungsprogramms ins Französische übersetzt, denn er weiß, dass ein Mitglied der Lenkungsgruppe nicht sicher in der englischen Sprache ist. Er wird daraufhin in das wichtige kleine Strategieteam des CEOs berufen.

Gefragt nach diesem Erfolg, erzählt er seinen Eltern, er habe von Digitalisierung kaum eine Ahnung, sondern nur viel Glück gehabt. Sein besonderes Geschick, Stimmungen zu erfassen, die Erfolgssprache anderer aufzunehmen und zu verwenden, topmanagementaffine Formeln zu finden, kann er nicht benennen – es geht ihm leicht von der Hand und er hat die Reaktionen der Adressaten stets im Blick. Etwas, das für ihn selbstverständlich ist, hat zu seinem großen Erfolg geführt.

Diese Zusammenhänge können viele erfolgreiche Menschen nicht sehen. Sie erkennen nicht, dass ihr besonderes Können einzigartig ist. In keinem Beurteilungsgespräch oder Assessment gibt es dafür Kategorien. Niemand hat es bisher in seiner Gesamtheit benennen können. Deshalb können selbst Ambitionierte es so leicht abtun. Sie suchen Erklärungsmuster, um das für sie Unerklärliche mit Sinn aufzuladen – und dann werden eben Glück und Zufall beschworen. Menschen werden in Unternehmen nicht darauf trainiert, einzigartiges, individuelles Können wahrzunehmen und zu benennen, sondern lernen, dafür Kategorien zu nutzen, wie »soziale Kompetenz«, »sprachlicher Ausdruck«, »Empathie«, »Kommunikationskompetenz« et cetera, die alle irgendwie stimmen, aber nicht ihre einzigartige Ambition ausdrücken. So beurteilen sie auch die unvergleichlichen Karrieren anderer Menschen und vergleichen sich mit ihnen.

## Karrieren folgen einem System – Widerstände müssen überwunden werden

In unserem Buch *Ambition*[42] haben wir die Dynamik der Talententwicklung beschrieben, der alle Karrieren weltweit folgen. In der ersten Dimension geht es darum, nach höchstem Können zu streben und sich von der Ambition leiten zu lassen, um eine Karriere aufzubauen. In der zweiten Dimension dreht sich alles um die Stabilisierung der Karriere. Die Psyche muss stabilisiert werden, dazu gehört es, Widerstände und Glaubenssätze wie Karrieremythen aufzugeben. Die dritte Dimension bedeutet: Es braucht viele andere, einflussreiche Menschen, um Karriere machen zu können. Der Kontakt

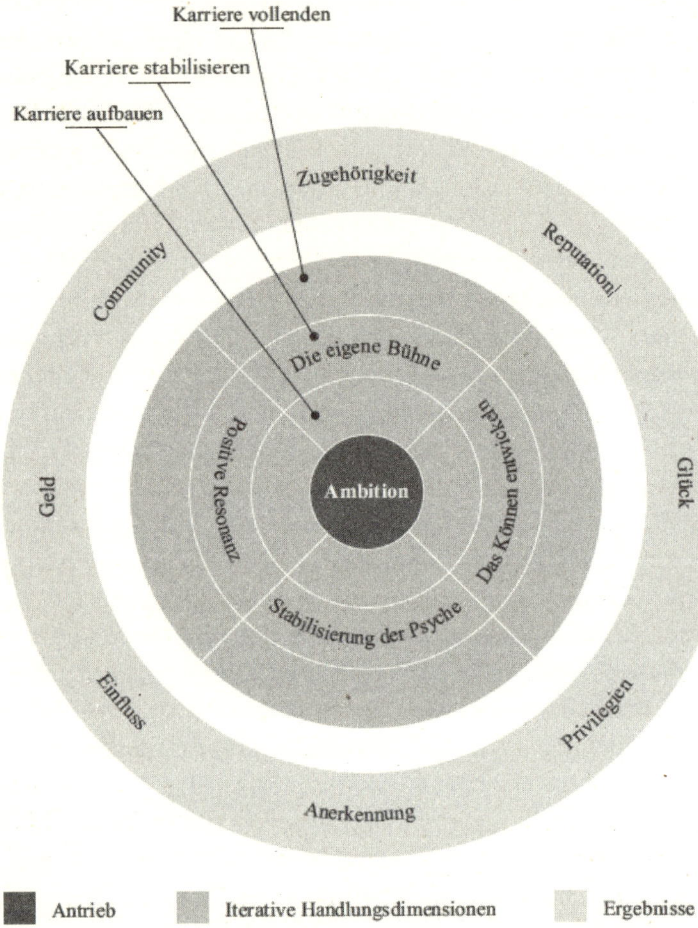


zu ihnen muss gepflegt werden, sie werden immer wieder wertgeschätzt, eingeladen und beschenkt. Dadurch entsteht diese positive Resonanz, in der das Wohlwollen anderer ambitionierter Menschen ebenso wächst wie das eigene Erfolgsgefühl. Die vierte Dimension beinhaltet den anspruchsvollen Prozess, die eigene Rolle zu finden und die eigene Bühne zu gestalten.

Diese vier Dimensionen werden nicht nacheinander, sondern immer wieder durchlaufen. Mal steht die eine, dann die andere Aufgabe im Vordergrund. So stellen sich nach und nach die Ergebnisse ein, die im äußersten Kreis benannt sind: Zugehörigkeit, Reputation, Privilegien, Anerkennung et cetera. Eine Karriere braucht die Integration verschiedener, manchmal antagonistischer Fähigkeiten in die eigene Persönlichkeit. Dazu gehört es, die eigene Größe zu erkennen und sie kommunizieren zu können, von Autoritäten zu lernen und sie zu bewundern.

Je länger wir Autorinnen Karrieren analysieren und Menschen dabei begleiten, ihre großen Karrieren zu festigen, umso klarer sehen wir die Diffizilität der inneren Widerstände, die verhindern, dass Menschen ihr Talent entwickeln. Es zermürbt sie, an sich selbst zu scheitern, wenn ihre Erfolge wachsen, aber ihr Erfolgsbewusstsein nicht, wenn Zweifel und soziale Ängste dominieren, wenn die Psyche im Scheitern nicht durch Lernen und bei großen Erfolgen nicht durch Feiern und Danken stabilisiert werden kann.

Dieses Scheitern kann allmählich und unbemerkt kommen, wie bei einem 45-jährigen Vertriebler, der, zum Chef des gesamten deutschen Vertriebs promotet, noch mehr arbeitet und sich keine Zeit nimmt, mit denen, die ihn gefördert und empfohlen haben, in Kontakt zu bleiben. Er will seine Beförderung durch beste Vertriebszahlen nachträglich legitimieren – »irgendwann merken sie, wie gut ich bin«. Seine Vorgesetzten haben das jedoch längst gemerkt und sind irritiert von seinem Eifer, immer noch mehr Leistungsbeweise zu liefern.

Statt emotional in der Topliga heimisch zu werden, arbeitet er hart mit seinem Team zusammen. Statt regelmäßig auch informell nach außen zu kommunizieren, zu informieren und um Rat zu bitten, brütet er über Forecasts und Berichten. Er sei in der Versenkung verschwunden, wird nach einer Weile über ihn gesagt, und mit der Zeit werden kleine Fehler beobachtet. Er selbst erfährt nichts von diesem Vertrauensschwund. Er gilt als überfordert, bis ihm schließlich eine junge Frau »an die Seite« gestellt wird, die von seinem Vorgesetzten – mit dem sie regelmäßig kommuniziert – als Talent betrachtet wird … So nimmt die Degradierung ihren Lauf, lange Zeit von ihm selbst unbemerkt.

Plötzliche und dramatische Abstürze greifen tief in das Selbstverständnis ambitionierter Menschen ein. So erlebt von der leistungsstarken, aber schüchternen Carla-Maria, die eines Tages gekündigt wurde. Aus heiterem Himmel? Ihre Karriere wurde stets von der extrovertierten Laura, einem Mitglied der Geschäftsführung, mit der sie zusammen studiert hatte, vorangetrieben. Die beiden waren beruflich und privat unzertrennlich und konnten große Erfolge mit innovativen Produkten erzielen. Bis Laura das Unternehmen verließ, um woanders ihre Karriere fortzusetzen. Da zeigte sich Carla-Marias Isolation, nie hatte sie selbst über sich gesprochen, nie anderen als Laura gedankt, nie war sie mit anderen Menschen zu Mittag essen oder Kaffee trinken gegangen. Ihre Erfolge und ihr Können waren unbekannt oder wurden der scheidenden Laura zugerechnet. Das Unternehmen strich ihre Stelle im Rahmen von Sparmaßnahmen.

Die Zufriedenheitsfalle macht manchen Menschen weiteren Aufstieg unmöglich, sie verlassen den Lernmodus, nehmen Signale nicht wahr, holen sich keinen Rat oder geben sich zufrieden und wollen bleiben, wo und wie sie sind. Doch dadurch wird das Mindset starrer. Oder sie machen die Umstände für fehlende Aufstiegsmöglichkeiten verantwortlich. Es fehlt ihnen die Fähigkeit und die Freude daran, ihre Denkgewohnheiten aufzubrechen.

Im Übergang vom mittleren zum Topmanagement wird ein anderer Habitus erwartet: Großzügigkeit, Dankbarkeit, Wertschätzung, Staunen, Augenhöhe, Erfolgsgewissheit – das sind Herausforderungen, denen sich manche nicht gewachsen fühlen. »Jetzt habe ich so hart gearbeitet und bin von meinen Vorgesetzten nur immer kontrolliert, bedrängt und gefordert worden, ohne jeden Dank. Und nun soll ich ihnen danken? Wofür denn?« Viele ambitionierte Menschen, denen dies nicht gelingt, machen es sich einfach und suchen sich Coaches, die sie in ihrer Empörungsblase bestärken: Vorgesetzte zu kritisieren, zu kämpfen, sich noch mehr durchzusetzen, sich raffiniert zu rächen oder so zu bleiben, wie sie sind, weil sie unbedingt »authentisch« bleiben wollen. Hinzu kommen selbst ernannte Ratgeber*innen, Mentor*innen, Freund*innen, die in großer Fürsorge, aber ohne jede Kenntnis und Erfahrung dazu ermutigen, die einflussreiche Position lieber aufzugeben. Das klingt verführerisch: Wozu sich immer noch mehr anstrengen? Lebe deinen Traum, mach dein Hobby zum Beruf, mach dich doch selbstständig und einen kleinen Laden auf ... Wie das endet? Fast immer mit unerwünschten Folgen für Karriere, Finanzen, Zukunft und Glück. So sind diese Ratschläge nicht gemeint, denn sie sollten eigentlich das Leben erleichtern. Nur sind sie nichts für ambitionierte Menschen, die ihrem inneren Anliegen folgen und sich auch nicht durch schwierige Situationen davon abbringen lassen möchten. Sie haben sich angestrengt und waren lange erfolgreich. Statt zu lernen, suchen sie sich nach einem Scheitern ihre passenden Mythen aus. So gewöhnen sich Menschen daran, unter ihren Möglichkeiten zu bleiben.

## Ihre Karrierestrategie: Erkennen Sie Gelegenheiten und Chancen und erwarten Sie das Unerwartete

Waren Sie das? Haben Sie spontan zugesagt, als Ihre frühere Professorin Sie anrief und um einen Beitrag bei einem von ihr organisierten Onlinepanel bat? Bei Ihrer Zusage wussten Sie gerade mal den Termin – ausgerechnet am Geburtstag Ihrer Mutter. Wer noch dabei sein würde, wer die Veranstaltung ausrichtete, ob mit oder ohne Honorar, nichts davon war Ihnen klar. Schon gar nicht, ob Ihre Zusage ein Karriere-Booster sein könnte. Es war nur eine Bitte, die Sie ebenso kurz und freundlich hätten abschlagen können. Doch das haben Sie nicht getan. Sie wussten, Ihre Mutter würde Verständnis dafür haben, dass Sie sich eine Stunde während ihrer Feier ausklinken müssten. Sie waren total neugierig darauf, was da wohl Spannendes auf Sie zukommen könnte. Vielleicht die Abschlussveranstaltung eines studentischen Projekts? Am Ende stellt sich heraus: Das Onlinepanel ist eine der wichtigsten Veranstaltungen der deutschen Finanzwirtschaft.

Das Prinzip heißt »Serendipity« oder deutsch »Serendipität«. Es bezeichnet das Finden von etwas nicht bewusst Gesuchtem, das dann möglich ist, wenn Menschen eine prinzipiell neugierige, aufgeschlossene Haltung gegenüber Neuem haben. Ihr Unterbewusstsein kennt Sie gut und reagiert folgerichtig blitzschnell. Was Sie in der Vergangenheit kultiviert haben, ist entscheidend für die spontane Einordnung einer sich bietenden Gelegenheit. Welches wären Ihre Assoziationen zur geschilderten Szene: Misstrauen und Zweifel oder Begeisterung und Dankbarkeit? Arbeit und Mühe oder Neugierde und Abenteuer? Anstrengung oder Freude? Angst oder Begeisterung? Das Bekannte oder das Unerwartete?

Das pralle Leben entscheidet, ob eine Karriere für Sie möglich ist: Begegnungen, Gespräche, Fortbildungen, Projektfeiern, Kongresse, Messen, Teeküchenplaudereien oder auch private Einladungen. In einem Nebensatz erzählt jemand von einer spannenden Fortbildung. Wer hört diese beiläufige Bemerkung, meldet sich gleich an und trifft bei dieser Gelegenheit den zukünftigen Chef? Dabei gilt: Interessante und tolle Chancen werden nie mit einem Trommelwirbel angekündigt, sie sind leicht zu übersehen, ungeplant, flüchtig und schnell vorbei.

Wer eine Ambition verfolgt wie »Digitalisierung im öffentlichen Dienst« oder »Klimaneutralität der Möbelproduktion«, kann Gelegenheiten erkennen und sie ergreifen, weil sie mit dem eigenen Interesse korrespondieren. Dieses Mindset besitzen erfolgreiche Menschen. Sie sind da, wo Chancen sich bieten, auch wenn sie nicht immer deutlich zu erkennen sind, der Ausgang ungewiss ist und sie vielleicht nicht realisiert werden können. Auch wenn sie dafür eine unbequeme Reise in Kauf nehmen, einer unattraktiv klingenden Einladung folgen oder einen fordernden Gast beherbergen müssen – sie sagen zu statt ab. Denn sie haben die Zuversicht und Neugierde, sich auf Unerwartetes einzulassen. Sie begrüßen Überraschungen – die äußerst positiv sein können. Sie müssen vor einer Zusage nicht Hürden aus sozialen Ängsten, Befürchtungen, Zweifeln und Unsicherheiten überwinden. Sie stellen keine Bedingungen: »Wer ist denn außer mir noch da? Ich komme gern, wenn X nicht anwesend ist, Y dabei ist, der Ort gut zu erreichen – wenn nicht, können Sie mich gerne beim nächsten Mal wieder einladen.« Nichts davon fühlen oder sagen sie, sie sind innerlich frei, sich für Zusagen oder Absagen zu entscheiden.

## Entwickeln Sie das Talent, Ihr Talent zu entwickeln

Unverhofft kommt oft – doch für ambitionierte Menschen ist nicht alles Unerwartete entscheidend. Das allein erlebte Abenteuer, der Kunstgenuss, Yoga, Natur, Extremsport, ein kühner Traum oder stille Meditation zum Beispiel nicht. Es sind die unvertrauten, unsicheren neuen Kontakte zu einflussreichen Menschen, die Karrieren beflügeln. Diese müssen in eine informelle, herzliche Nähe überführt werden, was anfangs oft noch mit Ängsten verbunden ist, wie etwa: »Bin ich in diesem Kreis willkommen? Bin ich interessant genug? Lohnt sich das für mich? Bin ich die einzige Topmanagerin unter Praktikantinnen? Habe ich das Richtige anzuziehen? Was schenke ich?« Erst im Nachhinein erkennen manche, welche Chancen ihnen geboten wurden, die sie zunächst nicht erkannt haben. Sie waren nicht mutig, nicht selbstsicher genug oder wissen erst Jahre später um die Bedeutung dieser Einladung, die ihnen damals so belanglos erschien und die sie mit Grandezza ausschlugen. Scheitern ist dann kein Pech, sondern zwangsläufig.

Die international renommierte MIT-Astronomin und Astrophysikerin Prof. Anna Frebel und der norwegische Krimiautor Jo Nesbø haben unabhängig voneinander die Dynamik erkannt, dass zu einem großen Talent auch das Talent gehört, das eigene Talent zu entwickeln. Dabei gibt es keinen Automatismus und keinen Zufall. Ambitionierte Menschen brauchen unbedingt auch Talententwicklungsfähigkeiten. Jo Nesbø, der einst als Fußballhoffnung galt,[43] hat den Unterschied von einer guten zu einer großartigen Fußballerkarriere am Beispiel des Ausnahmefußballers Erling Haaland analysiert und brillant formuliert: »Er hat […] das Talent, sein Talent zu entwickeln.«[44] Von diesem Satz sind wir Autorinnen wie elektrisiert. Besser kann es nicht ausgedrückt werden; diese wenigen Worte erklären, warum so viele Karrieren scheitern oder gelingen.

Isabella besaß zusätzlich zu ihrem Können noch dieses eine, spezielle Talent. Sie hielt sich als Kind immer an ihren Onkel Walter mit der riesigen Bibliothek und besuchte ihn oft. Sie erreichte, dass sie sich mit ihrem ersten Lesekreis in seinen Räumen treffen durfte. Die Artikel und Gedichte, die sie für die Schülerzeitung schrieb, reichte sie mit freundlichen Briefen bei »richtigen« Zeitungen und Zeitschriften ein und hielt Kontakt mit den Redaktionen. Sie machte bei Schreibkursen und Wettbewerben mit, organisierte Poetry-Slams, arbeitete neben ihrem Studium für jede Zeitung – auch kostenlos –, die etwas von ihr zu drucken bereit war. Sie sprach gern über Ihre Schreibleidenschaft und ihre Vorhaben und suchte früh den Kontakt zu Verleger*innen und Lektor*innen. Isabella, das Mädchen aus der letzten Reihe, das immer zappelig den Unterricht gestört hatte, wurde zur gefeierten Literatin. Das war zwar nicht vorherzusehen – dennoch war es kein Zufall.

Das eigene Talent entwickeln, das gilt die ganze Karriere hindurch, für jede Profession. So erläutert auch die Astrophysikerin Anna Frebel, »… dass es nicht reicht, nur fachlich kompetent zu sein. Es braucht Handwerkszeug und Engagement neben der reinen Physik. Man muss zum Beispiel lernen, wie man ansprechende Vorträge hält, wie man in der wissenschaftlichen Community sichtbar wird, auf Konferenzen, wie man im Team arbeitet, ohne dass die eigenen Beiträge anderen zugesprochen werden, und natürlich auch, wie man wissenschaftliche Argumente sauber und gut aufs Papier bringt.«[45]

## Es ist eine Befreiung, Widerstände aufzulösen

Doch das Talent, das eigene Talent zu entwickeln, wird den meisten nicht in die Wiege gelegt, sondern braucht einen eigenen Anlauf. Nicht jedes vierjährige Kind erklimmt den Klavierstuhl und kann direkt nach Gehör spielen oder baut vor dem Haus einen Limonadenverkaufsstand auf, ganz ohne Rechenkünste. Das ist nur den Ausnahmetalenten der Ausnahmetalente möglich.

Die Umgebung kann aber jede Ambition zunichtemachen, wenn Ermutigung und Möglichkeiten fehlen. Auch ambitionierte Erwachsene finden sich in Situationen wieder, in denen sie keine Bestätigung erfahren, sondern ihnen vehement von »Höhenflügen« abgeraten wird und sie bedrängt werden, sich mit weniger zufriedenzugeben. Zudem sind die meisten Unternehmen hierarchisch aufgebaut und die Pyramide wird nach oben immer enger. Das bedeutet: Die wenigsten Menschen machen Karriere. Selbst Absolvent*innen von Elitehochschulen fahren nicht mit dem Karriereaufzug direkt zur Vorstandsposition.

Für eine Karriere braucht es den unbedingten Willen, den Glauben an sich selbst, die intrinsische Motivation, sich herauszuheben. Höhenflüge anzupeilen, zu lernen, dass sie machbar sind, ist jeder Mühe wert, gleich, welche Höhe erreicht wird. Die Psyche ist gefordert, denn die Anforderungen verändern sich mit jeder Karrierestufe. Nehmen Sie daher Beförderungen zu mehr Einfluss oder mehr Verantwortung an. Selbst wenn Sie scheitern sollten, haben Sie wertvolle Erfahrungen gemacht und – noch wichtiger – wertvolle Kontakte knüpfen können.

Jim ist 32 Jahre alt und arbeitet erfolgreich im Vertrieb. Man hat ihm bereits ein kleines Team von Nachwuchsverkäufer*innen anvertraut. Gemeinsam gewinnen sie wichtige Vertragsabschlüsse für die Firma. Nun wird ihm angeboten, den Vertrieb in einer Region in Norddeutschland zu leiten. Ein Sprung in der Hierarchie, er würde nun direkt an den deutschen Geschäftsführer berichten. Aber die Nachteile sind ebenso gewaltig: Es muss erst noch ein Team aufgebaut werden, der Umsatz ist dort bisher äußerst gering und momentan noch sinkend, Anerkennung wäre nicht mehr so einfach zu erreichen, er müsste zudem umziehen. Jim hat den Verdacht, dass sein interner Konkurrent sein Team übernehmen und nun von den erzielten Erfolgen profitieren möchte, ohne selbst viel zu leisten. Soll er das Erreichte so leicht aufgeben? Er zögert. Ob diese Aufgabe wirklich eine Chance ist? Ja, denn die Kriterien für den Aufstieg ändern sich mit einer wachsenden Karriere. Jim hat mit großer Anstrengung zweifelsohne viel erreicht. Dennoch muss er jetzt zusagen. Ohne die Nähe zum Geschäftsführer geht es für ihn auf der Karriereleiter nicht weiter. Das ist jetzt die Chance für seine Karriereambition.

Anfangs konzentrieren sich Anstrengungen und Erfolge auf das operative Geschehen. Jede Chance wird genutzt, das eigene Können zu vervollkommnen. So sind Quereinstiege nützlich, eine Erweiterung des Verantwortungsbereichs und auch Aus- und Fortbildungen können weitere Möglichkeiten eröffnen. Später, in den ersten Führungsaufgaben, wird der Anteil der fachbezogenen Chancen geringer oder spielt kaum noch eine Rolle, denn alle Menschen in anspruchsvollen Positionen können viel und weisen Erfolge vor. Sich mit einer herausragenden Leistung abzuheben, ist kaum möglich. Das ist der Grund, weshalb Menschen, die in ihrem Feld Herausragendes leisten, dennoch nicht befördert werden – weil sie sich auf ihre Leistung konzentrieren und die sozialen Aspekte von Karrieren nicht beachten. Es bieten sich ihnen immer wieder Chancen als sogenannte Quereinsteiger auf der gleichen Stufe: andere Arbeit oder sogar mehr Arbeit, aber kein Aufstieg. Gute Arbeit befördert niemanden, sondern ist nur eine Aussage über die aktuelle Leistungsfähigkeit. Dort, wo jemand herausragend arbeitet, soll sie und er auch in Zukunft gern bleiben.

Mit wachsender Karriere werden die Chancen ungewisser und undeutlicher. Am Anfang ihrer Karriere ist der Aufstiegswille bei vielen Menschen nicht sehr ausgeprägt, sie sind vollauf damit beschäftigt, sich einzufinden, sich zu verorten, die Anforderungen zu erfüllen und die Anpassung zu bewältigen. Alles große Aufgaben, alles neu – mental, kommunikativ, sozial und emotional. Doch nach einiger Zeit spüren sie: »Da geht noch weit mehr. Mein Wille, zu gestalten und verantwortlich zu entscheiden, wächst.« Die italienische Bestsellerautorin Elena Ferrante fügt noch eine weitere Facette hinzu: »Talent allein genügt nicht. Ohne Bildung halten wir das, was seit Langem Allgemeingut ist, für unsere individuelle Entdeckung. Wer eine künstlerische Berufung in sich spürt, hat die Pflicht, sie nicht zu vergeuden, indem er sich mit dem zufriedengibt, was sein Herz ihm sagt. Nichts gegen das Herz, aber um die eigenen kreativen Fähigkeiten nicht zu verschwenden, sollte man sich doch lieber die im Laufe der Zeit entwickelten Techniken aneignen, nicht mit dem Strom schwimmen und sich Vorbilder suchen, eine eigene poetische Genealogie, aus der sich Energie und Ehrgeiz schöpfen lassen.«[46]

Was Elena Ferrante für die Kunst erkannt hat, gilt für jede Karriere:

- Vorbilder und Autoritäten (an-)erkennen,
- auf dem vorhandenen Wissenskanon aufbauen,
- sich nicht zufriedengeben,
- im Lernmodus bleiben und
- der eigenen Ambition treu bleiben.

# 8. Mythos: Die richtigen Kontakte hat man eben – oder nicht

## Wie der Mythos sich zeigt: *»Auch wenn ich noch so gut bin, meine Kolleg*innen mit vielen Kontakten werden immer bevorzugt. Vitamin B macht eben die Karriere.«*

Dieser Karrieremythos ist Ausdruck großer Ohnmacht. Er ist im kollektiven Gedächtnis gespeichert aus einer Zeit, als »die da oben« und »wir da unten« noch zementierte gesellschaftliche Realität waren. Hohe Positionen waren Adligen, Großbürgern oder Militärs vorbehalten. Es gab elitäre Zirkel, zu denen nur Menschen Zugang hatten, die aus vermögenden Familien stammten. Hatte es jemand in einer oder mehreren Generationen vom Pflasterer zum Bauunternehmer oder von der Kioskbetreiberin zur Inhaberin einer internationalen Getränkekette gebracht, wurden sie von den Etablierten abfällig als »Emporkömmlinge« oder »Neureiche« mit entsprechender »Aufsteigerattitüde« bezeichnet. Und das nicht ohne eine Portion Misstrauen, wie sie es wohl geschafft hätten – vermutlich mit kriminellen oder zumindest unmoralischen Methoden. Solche »Karrieren« schienen ihnen undurchschaubar, geheimnisumwittert und unseriös zu sein – eben immer etwas anrüchig. Sosehr sich die neuen Erfolgreichen mit Statuskonsum, großen Spenden und sonstigen Anpassungsversuchen abmühten, das Bürgertum wollte nichts mit ihnen zu tun haben. Man blieb lieber unter sich als Bestimmer über Strukturen, Positionen, Stimmungen und Karrieren.

Mit Sicherheit ist der Gedanke der Vorherbestimmung von Karrieren durch die Herkunft noch tief verankert in vielen Menschen. Der Gedanke, unterstützende Beziehungen seien ein Privileg der Oberschicht, war jahrhundertelang unumstößliche Realität gewesen.

Doch seither hat sich die Welt – zumindest die westliche Wirtschaftswelt – dramatisch verändert, und die Unternehmenswelt mit ihr. Dass Menschen aus benachteiligten Schichten den Aufstieg durch eigene Anstrengung schaffen können, meinen vor allem jene, die dies selbst bewältigt haben. Sie haben kaum Verständnis für andere, die dies nicht erreichen, und lassen keine Ausreden gelten: »Wenn ich es geschafft habe, können die das auch: Bei den Reichen aus bescheidener Herkunft gibt es weniger Mitgefühl mit den Schwierigkeiten der Armen.«[47] Die eigene Karriere auch gegen Widrigkeiten voranzutreiben, ist möglich geworden – das war nicht immer so.

## Veränderung der Unternehmenswelt

Seit den 1970er-Jahren zeigen sich die Folgen der großen Liberalisierung gesellschaftlicher Rituale auch in den Unternehmen, weil die 68er-Student*innen-Generation in Führungspositionen Einzug hielt. Das waren Menschen, die alle alten Rituale infrage stellten, mehr Mitbestimmung, Chancen und Rechte für bisher wenig privilegierte Gruppen forderten. Mit ihnen kam 1972 nicht nur ein partizipatives, neues Betriebsverfassungsrecht, das Mitarbeitenden und Betriebsräten weitgehende Rechte zuerkannte, sondern auch die seit den 1980er-Jahren gerade in Deutschland sehr wirkungsreiche Philosophie der Team- und Organisationsentwicklung, die stets alle Teammitglieder in Aufgaben und Entscheidungen eingebunden sehen wollte. Das Arbeitsklima veränderte sich radikal, viele alte Führungskräfte, die ihre Autorität ausschließlich auf ihren Rang gründeten, wurden im Rahmen großflächiger »Reorganisationen« entlassen, Frauen wurden verstärkt befördert und Unternehmen internationalisierten sich. Plötzlich gab es indische, amerikanische oder schwedische Vorstände, manchmal wurde Englisch zur Unternehmenssprache. Es herrschte eine nie da gewesene Aufbruchstimmung.

In den 1990er-Jahren zogen schließlich junge Unternehmensberater*innen der großen internationalen Beratungsfirmen in die Topetagen ein. Hochintelligente Menschen aus allen sozialen Schichten. Aufsichtsräte wollten einen neuen »Spirit«, einen unkomplizierten Stil, der ihnen mehr Flexibilität und Internationalität ermöglichte. Familienherkunft und »Beziehungen« waren ihnen nicht wichtig. Etablierte Old-Guys-Networks bröckelten mehr und mehr, der Bedeutungsverlust alter Eliten setzte sich fort.

Wieder ein Jahrzehnt später, in den 2000er-Jahren, bauten ideenreiche Gründer*innen und IT-Nerds mit unterschiedlichen familiären Hintergründen kleine, große und riesige Konzerne auf – mit nichts startend als ihrer Ambition und einer Garage. Viele dieser Aufsteiger*innen formten neue Eliten und zogen ambitionierte Kommiliton*innen in die Führungsetagen nach, die ebenfalls aus einfachen Verhältnissen kamen.

Und heute? Heute streben Personalverantwortliche in nahezu allen Unternehmen die Anerkennung des individuellen Könnens an. Die familiäre Herkunft spielt nur noch bei wenigen »alten weißen Männern«, also zur alten Elite gehörenden Entscheidern, eine Rolle, die unbewusst auf die größtmögliche Ähnlichkeit mit sich selbst achten und keine Heterogenität, keine Diversität wünschen. Es kommt selbst heute noch vor, dass ein deutscher Personalentscheider deutsche Bewerber bevorzugt, oder ein Mann partout keine Frauen in der Produktion einstellen mag.

Dieses Mindset ist jedoch auf der ganzen Welt auf dem Rückzug. Immer mehr Unternehmen setzen alles daran, Vorurteile durch vielfältige Maßnahmen zu neutralisieren, etwa ausgetüftelte wissenschaftliche Beurteilungsverfahren, Leitlinien zur Diversität und Anti-Diskriminierung, kompetenzgesteuerte Mehr-Augen-Auswahlverfahren et cetera. Sie wünschen sich die besten Talente und helfen ambitionierten Menschen dabei, ihre Karriere erfolgreich zu steuern.

So sind die Hierarchien für alle durchlässiger geworden. Wissensarbeiter*innen gestalten die Unternehmen und die Eliten verändern sich. Auch Expert*innen, die keine Führungsposition anstreben, finden gute Karrieremöglichkeiten.

Es braucht Zeit, Phänomene wie »Amigos« und »Klüngel« zu überwinden. In manchen Nischen haben Clan-Phänomene und dadurch entstandene Verfilzungen bis heute überdauert. Doch Medien, Justiz, Exekutive und auch die Unternehmen selbst entdecken und unterbinden immer häufiger Korruption, Diskriminierung und illegale Absprachen alter Seilschaften, angefeuert durch eine wache und äußerst kritische Öffentlichkeit. Compliance-Aufgaben gehören heute zu den wichtigen Vorstandsfunktionen.[48] Demokratische Transparenz entwickelt sich und Skandale werden aufgedeckt – manchmal noch nach Jahrzehnten.

Es existieren Karrieremöglichkeiten für alle ambitionierten Menschen. Das ist nicht die Zukunft, das ist die Gegenwart. Die Welt ist nicht nur offener, sondern auch größer geworden. Digitalisierung und Globalisierung machen vieles möglich. Informationen zu Unternehmen, neuen Jobs, Fortbildungen, Produkten und Arbeitsweisen und auch dazu, wie man erfolgreich wird, sind für alle Menschen zugänglich. Überall werden Menschen gesucht, von der Produktion bis in die obersten Führungspositionen hinein.

Die Bedeutung der familiären Herkunft für die Karriere hat in den letzten Jahrzehnten kontinuierlich abgenommen. Zugenommen hat hingegen die Bedeutung der Kontakte, die von Anfang des Berufslebens an hergestellt, gepflegt und ausgebaut werden. Es gibt bisher kein neues Karrierenarrativ und keinen Stolz auf die weitgehende Öffnung der Hierarchien in der westlichen Unternehmenswelt. Es existiert noch kein allgemeines Bewusstsein, wie entscheidend die eigenen Wünsche und die eigene Regieführung für die Karriere sind. Immer noch versuchen viele Menschen, sich gegen vermeintliche gläserne Decken und »alte weiße Männer« durchzusetzen, ohne zu bemerken, dass dies nicht mehr nötig, ja manchmal sogar hinderlich ist. Hinderlich, weil in Begrenzungen gedacht wird und nicht in Möglichkeiten und Chancen.

Die Tatsache, dass der Möglichkeitsraum für alle im Unternehmen größer geworden ist, hat das kollektive Bewusstsein noch nicht erreicht. Viele denken nach wie vor: »Ich habe eben leider keine mächtigen Beziehungen, so wie andere Kolleg*innen«, und begründen damit, warum ihre Karriere nicht vorankommt. Sie sehen nicht, wie sie selbst wertvolle Kontakte knüpfen könnten.

## Selbsttäuschung und beruflicher Stillstand

Wenn Menschen Karriere machen wollen, dabei aber alten Vorurteilen anhängen, sich nicht verändern und nichts lernen wollen, haben sie einen genialen Trick parat, um dies vor sich selbst zu verbergen: Sie fragen Menschen um Rat, die definitiv keine Ahnung von einer Karriere in ihrem Feld haben. Plötzlich hat das Wort von Fitnesstrainer*innen großes Gewicht, liebenswerte, unbedarfte Urlaubsbekanntschaften werden zu Coaches umdefiniert, beste Freunde von früher, denen man ansonsten nicht einmal das eigene Gehalt verraten würde, werden zu Experten für Erfolg. Selten kommt dabei etwas Gutes heraus.

Aber warum sollten Menschen vor sich selbst verbergen, dass sie sich nicht verändern wollen? Weil es sowohl der persönliche als auch der gesellschaftliche Anspruch ist, sich als eine Person darzustellen, die sich verändern und dazulernen will. Die amerikanische Philosophin und Professorin Martha Nussbaum hat dies exzellent analysiert.[49] Menschen können ihr zufolge sehr gut – auch vor sich selbst – ihre Widerstände verbergen, und bei der Überzeugung bleiben, alles richtig zu machen. Sie fragen andere um Rat und fühlen sich dabei offen und lernbereit, doch tatsächlich suchen sie das Gespräch mit Menschen, die sie zu keinen weiterreichenden Erkenntnissen führen.

Doch auch wer sich vom Einfluss anderer Menschen komplett fernhält und Annahmen und Mythen nicht hinter sich lassen kann, hat sich für den beruflichen Stillstand entschieden. Denn Karrieren werden nicht von fremden Mächten und auch nicht von Algorithmen gemacht, sondern von den Menschen, die Sie kennen oder die von Ihnen gehört haben. Was immer Sie sich wünschen, Sie brauchen Menschen, die Ihnen diese Wünsche erfüllen.

Ja, Ihre Karriere beginnt mit Ihnen, Ihrer Ambition und Ihrer Arbeit, doch alles weitere bestimmen andere Menschen. »Jeder Job bietet die Möglichkeit, berufliche Beziehungen aufzubauen und Ihr Netzwerk zu erweitern. Selbst wenn Sie in Zukunft die Branche wechseln, wissen Sie nie, wie Ihre derzeitigen Kontakte mit Menschen in anderen Bereichen zusammenhängen könnten.«[50]

Celine ist 45 Jahre alt und arbeitet als spezialisierte Steuerberaterin in einer großen, renommierten Kanzlei. Seit Jahren möchte sie Partnerin werden und wird immer wieder übergangen. Andere, auch jüngere Kolleg*innen werden ihr vorgezogen. Sie führt dies eindeutig auf ihre mangelnden Kontakte zum Topmanagement und zu hochkarätigen Klient*innen zurück. Und es stimmt! Andere werden zu Neujahrsempfängen eingeladen, zum gemeinsamen Skifahren, auf das Segelboot im Ijsselmeer und eben auch in den Kreis der Partner*innen aufgenommen. Celine hat sich mittlerweile damit abgefunden, denn sie hat weder eine Hütte noch ein Boot geerbt, und ihre Wohnung eignet sich für tobende Kinder, nicht für noble Empfänge. So ist das eben.

Als sie einen lange umworbenen großen Mandanten sowie ein umfangreiches Beratungsbudget gewinnen kann, erhält sie dafür zwar einen schönen Bonus, bleibt aber von der Partnerschaft weiterhin ausgeschlossen. Nun entschließt Celine sich, endlich etwas zu verändern. Sie möchte sich aus der ohnmächtigen Resignation befreien und aktiv werden für ihr Vorwärtskommen.

Celine hat bisher nur das Resultat betrachtet: ohne Kontakte keine Karriere. Doch sie hat nicht gesehen, wie viele Aktivitäten diese Menschen aufbringen, um ihre Kontakte aufzubauen. Kaum jemand hat heute »einfach so« hochkarätige enge Beziehungen, außer vielleicht einige wenige Privilegierte, in deren Elternhäusern bereits die Eliten ein- und ausgingen. Und selbst sie müssen alles tun, um die Beziehungen zu pflegen, zu erhalten und auszubauen.

Celine muss also ihre Kontaktmöglichkeiten erkunden, diese Kontakte dann herstellen, pflegen und ausbauen – dort beginnend, wo sie heute steht. Da sie regelmäßig läuft, beginnt sie damit, eine Laufgruppe zusammenzustellen. Wenn sie mit den Kindern im Sommer an den See zum Picknick geht, lädt sie Familien von Kolleg*innen dazu ein. Wenn sie in einer anderen Stadt ist, lädt sie zu einem Frühstück in einem schönen Hotel ein.

Natürlich werden Kontakte für große Karrieren nach wie vor gebraucht, ohne geht es nicht. Aber sie können aktiv geknüpft werden, und zwar von allen. Kontaktherstellung ist aber nicht delegierbar, das heißt, jeder einzelne Kontakt ist selbst gemacht. Kae Tempest beschreibt in einem Essay, welche Aufgabe damit verbunden ist, ein Gefühl von »Verbundensein« herzustellen:

> »Ich kann das Verbundensein nicht aus der Luft greifen oder erwarten, dass es mir in den Schoß fällt. Aber ich kann alles in meiner Macht Stehende tun, um ein einladendes Umfeld zu schaffen, sollte es sich einstellen.«[51]

Die neuen positiven Karrierenarrative zeigen sich langsam, denn die alten Begrenzungen wirken in Menschen nach.

Noch gibt es Gruppen in der wirtschaftlichen oder politischen Topliga, in der sich Personen fernab jeder Öffentlichkeit oder Kontrolle Privilegien zuschanzen. Ambitionierte, die das erleben und dann verallgemeinern, empfinden »Vitamin B« als unethisch und lehnen es ab, selbst nähere Beziehungen zu einflussreichen Menschen herzustellen.

Wer dem Narrativ von »denen da oben« und den anderen, den »doofen Fleißigen« folgt, bleibt im Gefühl der Wirkungslosigkeit stecken. Und wer sich wirkungslos fühlt, fühlt sich bald auch wertlos. »Bilde dir ja nicht ein, du seist etwas Besseres. Gib auf, es gibt ja doch keine Veränderung. Falsche Hoffnung macht dich nur noch unglücklicher. Sei lieber ein guter Mensch und sei zufrieden mit dem, was du bist.« So wirkt das ausgrenzende Karrierenarrativ früherer Generationen tief in die eigene Persönlichkeit hinein und stoppt die intrinsische Motivation. Die Kraft, über die eigentliche Tätigkeit hinaus aktiv zu sein, um Beziehungen zu gestalten, die für die Karriere benötigt werden, kann niemand aufbringen, der so denkt.

Viele Menschen sind klug, manchmal sind sie anderen sogar weit voraus, und doch finden sie sich in der Rolle der Außenseiter*innen wieder: als durchblickender Zyniker, als starke Kämpferin, die mutig voranschreitet und die Wahrheit sagt, als exzentrischer Quergeist, den niemand ernst nimmt, oder als kreative Freidenkerin, die ein spannendes Privatleben mit interessanten Menschen führt und im Unternehmen alle als unter ihrem Niveau empfindet. Das alles sind Abgrenzungsresonanzen. Solche Menschen wären gerne in ihrem Unternehmen positive Ausnahmeerscheinungen: Sie würden gerne eine eigene Karriereliga aus hochqualifizierten, hochbegabten, ethisch einwandfreien Persönlichkeiten bilden – nicht unbedingt mit Führungsaufgaben, aber in ihrem Feld renommiert. Sie wären gern gefeiert, wertvoll und hätten gern großen Freiraum.

Solche Ausnahmeerscheinungen gibt es durchaus, sie finden höchste Anerkennung, weil klar ist: Wer so begabt ist, braucht Raum zur Entfaltung. Doch ausschlaggebend dafür, ob jemand ein*e Außenseiter*in oder eine Ausnahmeerscheinung ist, ist die Community. Wer keine Gefolgschaft hat, wer unverbunden im Unternehmen und darüber hinaus wirkt, hat auch keine Befürworter*innen.

## Ein zeitgemäßes Karrierenarrativ

Das alte Karrierenarrativ ist noch präsent, als Machiavelli 2.0 gespiegelt in unzähligen Sachbüchern, Romanen und Serien wie *House of Cards*. Wir Autorinnen hingegen begründen ein zeitgemäßes positives Karrierenarrativ, das nicht in sozialen Ängsten, Ausgrenzungsfantasien und Kampfimpulsen, sondern in der neuen Realität verankert ist. Unsere Erfahrung als Beraterinnen an der Seite sehr erfolgreicher Menschen zeigt uns, dass einflussreiche Entscheider*innen von positiven Werten angetrieben sind. Sie wünschen sich Gefolgschaft, um Gutes zu bewirken, und sie erhalten diese auch. Sie finden ihren Weg an die Macht durch ihr Wohlwollen. Sie unterstellen gute Motive, senden positive Zugehörigkeitssignale und führen aktiv Menschen zu einer durchlässigen Community zusammen, die ähnliche Werte vertritt und sich gegenseitig unterstützt – offen und transparent. Sie empfehlen Menschen, die auf eine anspruchsvolle Position passen, die ein Headhunter seit Monaten erfolglos zu besetzen versucht. Sie stehen sich gegenseitig in Zeiten beruflichen Scheiterns und in Krisen bei. Sie sind verbunden. Der Wunsch, Erfolge zu erzielen, ist getragen vom Wir, in der offenen Community von Geschäftsfreundschaften ebenso wie im Inneren der Unternehmen.

## Wie sich der Mythos mit Ihren inneren Widerständen verbündet und Ihrer Karriere schadet: *»Ich komme aus einer einfachen Familie. Ich weiß nicht, wie ich an Kontakte komme, ich kann mir die Mühe sparen.«*

Karriere zu machen, ist kein mechanistischer Prozess, der Station für Station abläuft, und irgendwann ist man gut genug und die Anstrengung hat ein Ende. Es ist vielmehr Work in Progress, also ein laufender Prozess. Man ist immer gut genug und gleichzeitig lernt man dazu. Auch das Knüpfen von Kontakten ist eine Zusatzanstrengung, denn ambitionierte Menschen sind in ihrer Arbeit meist mehr als ausgelastet. Sie verstehen intellektuell, dass sie mehr Kontakte schließen müssten, doch viele können dieses Wissen nicht in Taten umsetzen. Ihre Mindset-Grenzen sind manchmal zu eng. Dieses hartnäckige Verhaltensmuster kann verschiedene Ursachen haben.

## Kein innerer Widerstand gleicht dem anderen

Manche Menschen finden es geradezu lächerlich, mit einer einzigen Glückwunsch- oder Dankeskarte zu starten, sie wollen lieber im nächsten Advent 200 Weihnachtskarten versenden, schaffen es aber nie. Andere träumen von zehn bis 20 Gästen an ihren schön gedeckten Tafeln an einem Sommerabend mit richtig gutem Catering – doch das ist zeitlich nicht zu schaffen, und schon ist der Sommer vorbei. Allenfalls treffen sie sich mit einer weiteren Person zum Austausch. Diese Zweitertreffen sind zum näheren Kennenlernen ideal, für Einfluss und Reputation bleiben sie aber unwirksam. Besser ist es, niederschwellig mit einer kleinen Gruppe von zwei, drei oder vier vertrauten Gästen zu beginnen, und sie zum Beispiel zum Frühstück in ein Luxushotel einzuladen. Warum ist eine Gruppe für die Karriere wirksamer als ein Treffen zu zweit? Erst in Gesellschaft wird Ihre Autorität gesehen, werden Ihnen Einfluss, Reputation und Verbundenheit zugewiesen. Dieses gesellschaftliche und berufliche Sichtbarwerden verhindert der innere Widerstand.

Für manche Menschen kommt die Entdeckung der eigenen Größe, ihres herausragenden eigenen Talentes und Könnens einem Schock gleich, verbunden mit Angst, Schmerz und Scham – und gegen diese Gefühle richtet sich dann ihr Widerstand. Deshalb beschäftigen sie sich intensiv mit ihren Schwächen und denken, nichts an ihnen sei interessant genug für wirklich wichtige Menschen.

Selbst wenn sie erkennen, dass dies »nur« ihre eigenen inneren Widerstände gegen die Entdeckung der eigenen Größe sind, lässt ihre Psyche keine Veränderung zu. Sie sind enttäuscht von sich und anderen Menschen und hoffen vergeblich, entdeckt zu werden, sich vielleicht irgendwann im Glanz anderer sonnen oder im Stillen ein zufriedenes, sicheres Leben führen zu können. Wieder andere wissen zwar, dass sie etwas tun müssten, wollen und können es auch, nur was genau? Mit welchem Repertoire?

## Verbundenheit mit der Familie kann starke innere Widerstände gegen neue, hochkarätige Kontakte auslösen

Wenn Menschen sich außerstande sehen, mit Menschen aus einer neuen sozialen Schicht informelle Verbindungen einzugehen, liegt die Ursache sehr oft in der Liebe, in der Dankbarkeit und dem Respekt gegenüber den eigenen Eltern und Vorfahren. Aus sehr vielen ähnlichen Karriereverläufen von hochbegabten Menschen aus einfachen Verhältnissen, die wir Autorinnen beraten haben, wissen wir um die Bedeutung des Familiennarrativs und wie es Menschen und Karrieren beeinflusst.

Die Italienerin Cinzia lernte in den 1980er-Jahren einen gut aussehenden, erfolgreichen deutschen Manager kennen, zog mit ihm nach Frankfurt und wurde schwanger. Kurz nach der Geburt ihrer gemeinsamen Tochter Vittoria verließ der Vater die beiden, gründete in Oslo eine neue Familie und ward nicht mehr gesehen. Cinzia nahm eine Stelle als Übersetzerin an und zog Vittoria allein groß. Trotz ständiger Geldsorgen – der Vater zahlte wenig und unregelmäßig Unterhalt – konnte Vittoria Abitur machen, studieren und ist heute verantwortliche Managerin für mehr als 20 Callcenter für einen großen Onlinehandelskonzern. Ihre Mutter versteht nicht ganz genau, was sie da eigentlich macht, und Vittoria hat irgendwann aufgehört, ihrer Mutter von der Arbeit und von ihren großen Erfolgen zu erzählen. Ihre Mutter hat auch immer Angst um sie, denn wer hoch steigt, kann bekanntlich tief fallen – wie Cinzia selbst erfahren hat. Deshalb verbirgt Vittoria ihren Dienstwagen, einen schicken BMW, und fährt zu Hause mit einem gemieteten Kleinwagen vor. Sie macht ihrer Mutter – gemessen an ihrem Jahresgehalt von 250 000 Euro – nur kleine, »angemessene« Geschenke, wie ein Wochenende im Schwarzwald oder eine Kaffeemaschine. Und selbst die kann ihre Mutter nur schwer annehmen: »Ich habe doch alles, spar du lieber für schlechte Zeiten«, sagt sie ihrer Tochter immer.

Das ist eine typische Konstellation für Menschen, die aus einfachen Verhältnissen aufgestiegen sind. Geschwister, Eltern, Nachbarn, Freundinnen – niemand weiß von ihren fulminanten Erfolgen, von großen Gehältern und besonderen Privilegien.

Aber warum das Versteckspiel? Könnten sie nicht stolz sein, es allen zeigen, den Eltern große Summen schenken? Es ist nicht Geiz, es ist Loyalität und Solidarität. Sie wollen den mühevollen, entbehrungsreichen, ärmlichen und manchmal schambesetzten Weg der Eltern ehren. Sie wollen nicht auftrumpfen: »Schau mal, so geht das!« Kinder – auch erwachsene – idealisieren ihre Eltern unbewusst, sehen sie als klug, stark und überlegen. Wenn sie dann ihre Eltern sozial oder finanziell »überholen«, fühlt sich das für sie an, als würden sie sie ins Unrecht setzen. Manchmal geht diese unbewusste Loyalität so weit, dass die eigene Karriere genau in jenem Alter scheitert, in dem auch die Mutter oder der Vater sozial dramatisch abgestürzt ist. So sorgt in den Tiefen der Seele die Liebe zu den Eltern dafür, dass sie sich nicht mit einflussreichen, wohlhabenden Menschen umgeben wollen, die die eigene Karriere vorantreiben könnten.

## Die Angst, alte Zugehörigkeiten zu verlieren

Menschen wollen nicht die Zugehörigkeit zu ihrer sozialen Herkunft verlieren, nicht einmal, dass andere dies von ihnen denken könnten. Sie möchten nicht als abgehoben und arrogant gesehen werden. Im Fünfsternehotel zu übernachten, von Geschäftspartner*innen zur Opernpremiere eingeladen zu sein, fühlt sich wie ein Verrat an. In Vittorias Fall äußert sich das zum Beispiel darin, dass eine elegante, wohlhabende Community bei der Mutter die Assoziation der Nähe Vittorias zum fernen Vater auslösen könnte. Lieber zieht sie daher mit der Mutter über »die da oben« her und verharrt im alten Narrativ.

Viele Karrieren geraten allzu früh ins Stocken, wenn die Überwindungskompetenz fehlt, um das Familiennarrativ zu verlassen und ein neues zu leben, das dem eigenen Leben und der eigenen Karriere entspricht. Eine Möglichkeit, das frühere Familiennarrativ zu überschreiben, besteht darin, den Eltern, Geschwistern und

Freund*innen den eigenen Erfolg und die Liebe zu zeigen, ihnen zu danken, sie großzügig zu beschenken und ihnen den Erfolg zu widmen.

Vittoria schreibt Ihrer Mutter einen Brief: »Liebe Mama, Du kannst Dir nicht vorstellen, wie erfolgreich ich geworden bin. Für mich arbeiten Hunderte Frauen und Männer, ich bin die Chefin und zusammen schaffen wir Jahr um Jahr größere Gewinne für unser Unternehmen. Meine Vorgesetzten schätzen mich so sehr, dass sie mir jedes Jahr Extrazahlungen zu meinem Gehalt geben. Ich verdiene eine Viertelmillion Euro im Jahr, das sind über 20 000 Euro im Monat. Das habe ich Dir zu verdanken! Du bist allein nach Frankfurt gekommen, hast Dich durchgebissen, Deutsch gelernt, einen anstrengenden Job ausgeübt und immer das Beste für mich getan. Du bist mein großes Vorbild. Von Dir habe ich gelernt, hartnäckig meine Ziele zu verfolgen, nie aufzugeben, für andere gut zu sorgen, anderen Sicherheit zu geben. Dir bin ich zu größtem Dank verpflichtet. Du warst immer da. Ohne Dich wäre ich niemals so erfolgreich, ich hätte nicht einmal Abitur machen, geschweige denn studieren können. Du bist meine Heldin. Du hast es mir ermöglicht, mein eigenes Leben zu führen, meine eigenen Freundschaften zu haben, jetzt in dieser Spitzenposition auch innerlich angekommen zu sein. Ich kann die vielen Privilegien genießen, die damit verbunden sind. Danke, Mama! Ich möchte Dir eine Wohnung schenken, in der Du gut leben kannst.«

## Das vermeintliche Glück, sich zufriedenzugeben

Für manche Menschen hat Sicherheit einen so hohen Wert im Leben, dass sie sich eher zufriedengeben, statt ihre Ambition weiterzuverfolgen. Sie spüren: Ohne ihren sozialen Radius zu erweitern, läuft die Karriere aus, und doch scheint die Investition von Zeit und Mühe in neue Kontakte groß, der zu erreichende Gewinn eher unsicher.

So oder ähnlich klingt es, wenn Menschen sich an einem Punkt zufriedengeben:

- »Für den Sohn eines Angestellten im mittleren Dienst ist das schon sehr gut, was ich erreicht habe. Mir geht es gut.«
- »Meine Arbeit macht mir sehr viel Freude. Die Vorstellung, mich mit nur losen Geschäftsbekanntschaften zum Frühstück zu verabreden, mit ihnen zum Konzert oder ins Fußballstadion zu gehen, ist für mich unangenehm. Was soll das bringen? Ich hätte nicht mal Spaß dabei. Da kümmere ich mich lieber um meine Familie.«
- »Mein Leben ist okay. Mehr geht nicht. Ich bin glücklich so.«

Eine innere Stimme versucht zwar, zu mehr zu verführen und anzuspornen, und vielleicht kommt kurz das Bedauern, wenn jemand anderer, der weit weniger begabt ist, eine begehrte Position bekommt – doch nein, »es passt schon«. Es kann eine – manchmal jahrelange – innere Auseinandersetzung sein: zufrieden weiterarbeiten oder ambitioniert soziale Kontakte pflegen? Arbeiten beruhigt. Das ist schließlich das sichere, gewohnte Terrain. So weiterzuarbeiten wie bisher verhindert aber oftmals die große Karriere. Für den nächsten Schritt in eine verantwortungsvollere Aufgabe, in eine Leitungsfunktion, in eine andere Firma mit mehr Chancen sind Fürsprecher*innen nötig, werden Empfehlungen gebraucht. Doch neue, eigene Beziehungen zu schaffen, ist äußerst anspruchsvoll und mitunter langwierig.

## Soziale Ängste als Komfortzone

Entscheidende Kontakte entstehen nicht in Meetings, im Unternehmen und auch nicht bei rein privaten Events im Familien- und Freundeskreis. Karrierefördernde Kontakte entstehen immer in einem Unsicherheitsraum, hier gelten Wahrscheinlichkeiten, nicht Sicherheiten. Es ist nicht diese eine Einladung, die Kontakte garantiert, sondern je mehr sich jemand in den Community-Raum hineinbegibt, desto mehr herzliche, unterstützende Begegnungen ergeben sich. Aus Experimenten mit mehr als 2000 Versuchspersonen folgern Kaitlin Woolley von der Cornell University und Ayelet Fishbach von der University of Chicago: »Unbehagen bedeutet meist, dass man Fortschritte macht.«[52] Denn: »Wer wachsen will, sollte seine Komfortzone verlassen.«[53]

Doch soziale Ängste halten viele Menschen von dieser Investition ab. Sie sagen sich:

- »Was mag die Professorin von mir denken? Sie ist immer so gepflegt, mit ihrer Garderobe kann ich nicht mithalten.«
- »Würde ich nur tadelloses Hochdeutsch sprechen, mir merkt man doch sofort meine schwäbische Herkunft an.«
- »In meine kleine Bude kann ich doch wirklich niemanden einladen.«
- »Was, wenn man mich ›mit Partnerin‹ einlädt, wo ich doch alleinerziehender Vater bin? Da halte ich mich lieber fern.«
- »Was soll es bringen, wenn ich zu diesem Event gehe? Ich weiß ja nicht mal, ob wichtige Leute dabei sind. Dafür habe ich keine Zeit.«

Soziale Ängste zeigen sich in einem Verhalten, das Menschen in der Folge noch weiter ausgrenzt:

- sich nicht an informellen Unterhaltungen beteiligen,
- immer wieder das Gespräch auf berufliche Probleme lenken,
- nie mitlachen, nie zustimmen, nie danken, sich nie entschuldigen, nie staunen und bewundern,
- alles aus der Beobachterrolle zynisch oder dozierend kommentieren,
- alles und alle anderen lächerlich machen oder sie vorführen,
- erklären, beurteilen, analysieren statt launig assoziieren,
- dauerreden statt fragen,
- immer etwas besser wissen, auch bei den harmlosesten Inhalten.

Für Menschen, die ihre sozialen Ängste überwinden wollen, gilt: leicht anfangen. Niederschwellig. Beginnen Sie – was nicht immer leicht ist –, anderen Menschen stets positive Motive zu unterstellen und Komplimente zu machen. Schreiben Sie in den sozialen Medien positive Kommentare zu den Erfolgen von anderen, gratulieren Sie ihnen und machen Sie auf sie aufmerksam.

Dabei gilt: Kontakte knüpfen ist für Menschen mit privilegierter Herkunft nicht leichter als für andere. Zugehörigkeit ist niemals »einfach so« da oder entsteht mir nichts, dir nichts, weder durch die Herkunft noch durch eine Position oder Mitgliedschaft. Es scheint zwar manchmal so, als ob andere aufgrund ihrer Herkunft oder weil sie bei einem Unternehmen gearbeitet haben, das als »Kontaktmaschine« gilt, viele wertvolle Kontakte schon längst haben, mehr oder weniger ohne eigenes Zutun. Eine Community ist immer ein individueller Gestaltungsprozess und auch Menschen aus einem Elternhaus, in dem Beziehungen geknüpft und gepflegt wurden, durch viele Einladungen, gemeinsame Urlaube, ein offenes Haus, die bereits Protegés von Ministerinnen und Universitätspräsidenten waren, brauchen die Fähigkeit, enge, hochkarätige Kontakte immer wieder neu zu schaffen. Vielleicht haben sie sich lange Zeit bequem zurückgelehnt und ihre privilegierten Bekanntschaften in den Chalets in St. Moritz, Hawaii oder Südfrankreich genossen. Doch wenn sie erwachsen sind, befinden sich die Freund*innen der Eltern nahe dem Rentenalter und werden bald nicht mehr so wirksam über Positionsvergaben entscheiden können. Sie müssen also selbst Kontakte und ihre Community aufbauen und pflegen.

»Ich lerne keine Headhunter oder CEOs kennen, und wenn, würden die mich niemals empfehlen oder einstellen, denn ich trage einen bekannten Namen und komme aus einer sehr anderen, verschlossenen, sogar einschüchternden Welt«, sagte die berühmte Tochter eines noch berühmteren amerikanischen Politikers, die Mühe hatte, ihre erste Stelle als Juristin nach dem Studium zu finden. Als sie schließlich einen Job gefunden hatte, kündigte sie noch in der Probezeit, da weder sie noch ihre Kolleg*innen die gesellschaftliche Distanz überwinden konnten. Die anderen mieden sie voller Misstrauen oder suchten ihre Nähe nur, damit etwas von ihrer Berühmtheit auf sie abfärben sollte.

Ein Adliger, der seinen Namen in einen bürgerlichen umgewandelt hat, gestand uns Autorinnen gegenüber: »Ich konnte noch nie jemanden zu mir nach Hause einladen. Wir sind nicht wohlhabend, aber wissen Sie, wir leben in einem ziemlich großen Schloss. Die Menschen sind mir gegenüber nicht unbefangen.«

Attraktive, erfolgreiche Topliga-Frauen scheinen beneidenswert. Doch sie haben es nicht leicht, vor allem dann nicht, wenn sie Singles sind. In jeden Kontakt spielen mehrere Ebenen hinein, wenn ein einflussreicher Mann sie gern treffen, mit ihr sprechen, sie einladen will. Oder wenn sie allein zu einem Community-Event gehen, und dort sind vorwiegend Männer, mit und ohne Partnerinnen. Sie müssen sich viele Gedanken machen, die sich ein älterer Topmanager nicht machen muss, etwa wen sie in welcher Kombination wann zu etwas einladen können. Es braucht in jedem einzelnen Fall Kreativität, den Willen und die Fähigkeiten, herzliche Nähe und dauerhafte berufliche Beziehungen aufzubauen. Die gesellschaftlichen Rollen haben mit den individuellen nicht mitgehalten. Jede erfolgreiche Single-Frau ist eine Pionierin.

## Das Risiko der Begegnung

Menschen gehen Risiken ein, wenn sie auf neue Menschen treffen. Sie wissen nicht, was sie erwartet und wie andere reagieren werden. Mit Risikofreude sind ambitionierte Menschen vertraut, sie haben sich schon oft in neuen Situationen bewähren müssen und das gut bewältigt. In ihrer Freizeit führen sie die abenteuerlichsten Konstellationen von Menschen herbei, sind neugierig und freuen sich daran. Was kann diese Entdeckerlaune zum Stocken bringen? Die Angst, den vermeintlichen Erwartungen und Ansprüchen nicht zu genügen. Wenn die Ambition groß ist und der Wunsch, weiterzukommen, wird die bloße Vorstellung des potenziellen Scheiterns bedrohlich. Jeder Karriereschritt ist groß und existenziell.

Von der Sachbearbeiterin zur Teamleiterin aufzusteigen, ist für Susanne eine Herausforderung. Jede Begegnung ist neu – obwohl sie gar nicht das Unternehmen oder die Abteilung gewechselt hat –, weil sie vertraute Menschen aus einer neuen Rolle heraus, der neuen Führungsrolle, sieht und nun selbst anders wahrgenommen wird. Diese Veränderung muss auf beiden Seiten angenommen werden und Akzeptanz ist keineswegs sicher. Die ehemaligen Kolleg*innen könnten sich über Susannes neues Verhalten lustig machen. Vielleicht behandeln sie ihre neue Teamchefin weiterhin wie eine Kollegin oder drängen sie zu Entscheidungen, die für einzelne Teammitglieder, aber nicht für das Team oder für die Führungskraft vorteilhaft sind. Die Ängste sind berechtigt: Aufstieg ist ein Risiko. Doch was ist die Alternative für ambitionierte Menschen?

## Ihre Karrierestrategie: Kontakte knüpfen, Beziehungen aufbauen, mit Sympathie und Gemeinsamkeiten beginnen

Das Wagnis der Begegnung bedeutet, sich selbst neu zu sehen: ängstlicher, ambitionierter, wagemutiger, kühner, größer, zaghafter, einsamer, erfolgreicher, schwächer und verbundener, als Sie bisher dachten. Es braucht Mut und die Fähigkeit, Risiken einzugehen, die mit Begegnungen verbunden sind. Sie können lebensbestimmend sein – auch wenn Sie das im Augenblick des Kennenlernens nicht wissen können. »Tatsächlich entdecken wir oft erst im Handeln, durch den Kontakt mit anderen einen neuen Wunsch.«[54] Dafür ist das flexible Mindset da, um Neues durch andere in anderen Menschen erkennen zu können. Ein geschäftliches Frühstück ist dann nicht einfach nur ein Frühstück, sondern eine Möglichkeit zum Staunen, andere Menschen und ihre Lebenswege faszinierend zu finden und von ihnen zu lernen. Dafür müssen Sie aber hinausgehen, so wie es Charles Pépin, der französische Autor und Philosoph, in seinem Buch *Kleine Philosophie der Begegnung* wunderbar beschreibt:

> »Hinausgehen bedeutet auch, gegen Überraschungen nicht gefeit zu sein, Fehlschläge zu riskieren. Bevor wir handeln,

> können wir nicht wissen, was unser Handeln in der Welt ausrichten wird. Trotzdem müssen wir loslegen: Das macht die ganze Schönheit des Risikos aus und ist das Salz der Existenz.«[55]

Das »Salz der Existenz« – das sind Ihre Begegnungen mit anderen. Sie können nicht wissen, welche Chancen sich daraus für Sie ergeben, solange Sie es nicht ausprobiert haben. Die Philosophin Ariadne von Schirach drückt mit diesen Worten die zentrale Frage von Menschen und ihren Karrierewünschen aus: »Wer könnte ich sein?«

> »Wir müssen uns als Einzelne und als Spezies immer wieder neu im geheimnisvollen Ganzen des Lebens verorten. Denn wir sind eben nicht nur das, was ist – sondern immer auch das, was sein könnte. Weil wir werdende Wesen sind. Bis zum Tod.«[56]

## Wie alles beginnt

Zu Beginn Ihrer Karriere haben Sie vielleicht viele Freundschaften, Kontakte in der Verwandtschaft, Nachbarschaft, in Vereinen, Ihr soziales Leben findet weitgehend im Privatleben statt. Beruflich orientieren Sie sich dann an Ihren Chef*innen, Kund*innen und Kolleg*innen. Es sind Ihre Vorgesetzten, die Ihre Leistung sehen, belohnen, fördern und Sie weiterbringen. So entwickelt sich auch Ihr Können weiter. Irgendwann haben Sie Ihre erste einflussreiche Aufgabe. Das ist spätestens der Zeitpunkt, an dem Sie andere und mehr berufliche Kontakte brauchen, Menschen aus Ihrem Arbeitsumfeld, nicht nur aus Ihrem Unternehmen, die Sie fördern, unterstützen, empfehlen, berufen und finden für noch anspruchsvollere Aufgaben. Das bedeutet: Menschen außerhalb des Unternehmens müssen Ihre Leistung positiv wahrnehmen und über Sie sprechen. Das zu bewirken, liegt in Ihrer Verantwortung, es findet nicht mehr in einem organisatorischen Rahmen statt, den das Unternehmen Ihnen bietet, sondern ist ein soziales Geschehen zwischen im beruflichen Bereich einflussreichen Individuen und Gruppen von Menschen, die sich nahestehen. Unter Ihrer Regie.

Mit der Zeit beginnen Sie, auch andere Menschen zu promoten und deren Karrieren zu fördern. Sie sind dann nicht mehr nur Geförderte, sondern fördern andere: nicht nur Ihre Teammitglieder, sondern auch Ihre Kolleg*innen, Chef*innen und alle Ihre Geschäftspartner*innen.

Wenn Sie für andere ein Erfolgsversprechen sind, wenn durch Sie andere glänzen und herausragen können, machen Sie Karriere. Sie suchen nicht nach Förder*innen, sondern Sie sind das Karriereversprechen für andere, empfehlen sie und sprechen positiv über sie. Sie führen ambitionierte Menschen zusammen, stellen sie einander mit großen, wertschätzenden Worten vor.

## Wer sind die Menschen, die Sie jetzt brauchen, um Ihre Karriere voranzubringen?

Mit wem sollten Sie eine Beziehung aufbauen? Es sind nicht Mitglieder eines Klubs wie die Rotarier oder Lions, es sind keine anonymen Kontaktpersonen, die auf einer Liste stehen wie »mittelständische Unternehmer im Raum Hannover«, sie sind auch nicht durch ihre Rolle definiert, wie »Arbeitgeber-Funktionäre der Metallindustrie« oder »Regionalmanager im Mode-Einzelhandel«. Sie sind in keiner Adressliste außer der Ihren zu finden, denn es sind Ihnen persönlich sympathische Menschen, die erfolgreich und einflussreich sind, die Ihnen begegnet sind und in Zukunft begegnen werden:

- Kolleg*innen oder Chef*innen Ihres ehemaligen Unternehmens,
- Studienkolleg*innen, die sich erfolgreich entwickelt haben,
- Professor*innen, bei denen Sie studiert haben,
- Nachbar*innen, Freund*innen, Väter und Mütter der Schulkamerad*innen Ihrer Kinder, die erfolgreich in interessanten Berufen und Unternehmen tätig sind,
- Zufallsbekanntschaften aus der Bahn oder dem Flieger, von internationalen Konferenzen oder Events,

- sympathische und einflussreiche Berater*innen, Lieferant*innen oder Kund*innen, die Sie kennengelernt haben.

Später, wenn Sie genügend Übung haben, kommen Persönlichkeiten hinzu, wie die Keynote-Speakerin, die so interessant über den Zusammenhang von Aktienkursen und realer Wertentwicklung von Unternehmen gesprochen hat; der Landespolitiker, der exakt die gleichen Ideen zur Verkehrspolitik wie Sie vertritt; der Künstler, dessen Arbeiten Sie bewundern und auf dessen Atelierfest immer die interessantesten Gäste erscheinen. Solchen Personen schreiben Sie, wie sehr Sie sie bewundern und wofür. Später erhalten sie alle eine freundliche Karte zum chinesischen Neujahrsfest von Ihnen. Dann schreiben Sie eines Tages: »In der 17. KW bin ich bei Ihnen in X und würde Sie gern besuchen. Ich bewundere Ihre Arbeit schon lange. Ob Sie wohl eine halbe Stunde Zeit haben für einen gemeinsamen Tee?«

## Tappen Sie nicht in die Mentoring-Falle

Manche Führungspersonen, die sich hochgearbeitet haben und Fürsprache gut gebrauchen könnten, denken sich: »Ich suche mir einfach einen Mentor, dann klappt das schon.« Doch Mentoring kann niemals das gewünschte Ergebnis erzielen, denn es ist von Beginn an eine asymmetrische Beziehung. Mehr noch, es ist ein Double Bind. Das bedeutet, jemand wird aufgefordert, etwas zu tun, was aber nur möglich ist, wenn gleichzeitig das Gegenteil erreicht wird: Mentoren lieben das Ratgeben und Besserwissen. Für sie muss das Wissensgefälle erhalten bleiben, dann fühlen sie sich erfolgreich. Mentees möchten weiterkommen und ihre Karriere gestalten. Für ihren Erfolg ist es wichtig, dass das Gefälle aufgehoben ist und auf Augenhöhe kommuniziert wird.

Gregor, 38 Jahre alt, wollte es besonders schlau anstellen und bat Wolfgang, einen aufgrund seiner Vergangenheit bei einer Topunternehmensberatung »exzellent vernetzten« 63-jährigen Manager aus dem Arbeitgeberverband, sein Mentor zu sein. Der sagte zu – und das Unglück nahm seinen Lauf.

Die beiden entwickelten eine freundliche Beziehung: Wolfgang, der leidenschaftliche Ratgeber, Gregor der höfliche Ratnehmer (der heimlich immer öfter den Rat missachtete, denn er kannte sich im Management besser aus). Eines Tages war Gregor bei Wolfgang zur Weinprobe in netter Gesellschaft eingeladen. Voller Hoffnung auf die ersehnten hochkarätigen Kontakte sah er dem Event entgegen. An diesem Abend waren jedoch nur Wolfgangs drei Söhne – noch im Studium beziehungsweise in der Schule – und alle seine Mentees dort.

Irgendwann begann Wolfgang sich dann über seinen Mentee zu beschweren und reagierte regelrecht empört: Gregor fehlten die rechten Manieren, er sei noch nicht reif genug, er müsse noch vieles lernen. Überdies sei er undankbar, denn er habe seinen Rat nicht umgesetzt – und jetzt sei ihm die Ermutigung wohl auch noch zu Kopf gestiegen. Was das Fass zum Überlaufen brachte und die Beziehung der beiden zerstörte, war, dass Gregor genau die Position besetzen wollte, die Wolfgang vor wenigen Jahren verlassen musste (bevor er dann eine Stelle beim Verband fand). »Und dabei ist er doch erst 39. Das muss man sich mal vorstellen … Ich kann ihn dafür sicher nicht empfehlen.«

Diese Geschichte klingt wie ein schiefgelaufener Einzelfall, dabei ist sie typisch. Das Mentoring-Konstrukt ist unangemessen, weil es Defizite suggeriert, die nur von sehr erfolgreichen Mentor*innen behoben werden können. Hinzu kommt die ständige kognitive Dissonanz: Mentees sollen und wollen erfolgreicher werden, aber auch nicht zu erfolgreich, um die Mentor*innen nicht zu überflügeln. Sobald die Situation droht, dass Mentees – jung, energiegeladen – sich auch nur auf Augenhöhe entwickeln, versuchen Mentor*innen unbewusst, dies zu verhindern, denn sie möchten ihre lieb gewonnene Mentorenrolle behalten. Gelingt dies nicht, schlägt die Stimmung um.

Viele Unternehmen bieten Mentoringprogramme an, mit Mentor*innen aus dem eigenen Unternehmen, oder sogenanntes Cross-Mentoring, also mit Mentor*innen aus anderen Unternehmen. Wir Autorinnen können weder das eine noch das andere empfehlen. Knüpfen Sie lieber selbst Kontakte, suchen Sie Gemeinsamkeiten.

Sprechen Sie auf Augenhöhe mit Ihren Mitmenschen und Ihrer Community.

## Sie kennen mehr einflussreiche Menschen, als Sie denken

Viele Menschen behaupten von sich: »Ich kenne keine einflussreichen Menschen.« Während sie dies ausführlich darlegen, fällt ihnen dann plötzlich ein: »Ach ja, da gibt es diesen Energiemanager, der Vater von Flori aus der zweiten Klasse … und genau, ja, meine Studienkollegin ist jetzt im Silicon Valley, sie hat mir zu Weihnachten geschrieben … und mein ehemaliger Prof ist in die Industrie gewechselt … stimmt, mit dieser CIO aus dem Kundenunternehmen habe ich mich immer gut verstanden.« Wen kennen Sie? Sie werden erstaunt sein, wie viele interessante Menschen Ihnen einfallen, wie viele Menschen Ihnen sympathisch sind, mit denen Sie auch in Kontakt bleiben möchten. Sie haben in Ihrem Berufsleben viele unterschiedliche Menschen getroffen, bei einem Kaffee oder Abendessen, auf Konferenzen, in Meetings, Verhandlungen, auf Festen und Empfängen, und werden das auch weiterhin tun.

Community-Building fängt mit genau diesen Personen an, aus den Unternehmen in Ihrem Feld, aus den Medien, der Wissenschaft und Lehre, der Beratung, aus anderen Branchen. Bleiben Sie in Kontakt, nutzen Sie die persönlichen Begegnungen und schicken Sie nach den Treffen eine Karte oder eine E-Mail: »Das war ein so inspirierendes Gespräch.« Oder schreiben Sie vor einer Konferenz: »Ich freue mich, dass auch Sie dabei sein werden.« Oder mal ganz ohne Anlass jemanden anrufen: »Gerade musste ich an Sie denken – was bewegt Sie denn gerade?« Ihre Liste wird mit der Zeit länger und länger werden, wenn Sie ein Bewusstsein für diesen Prozess entwickeln.

Die Community ist die Heimat der Erfolgreichen. Es beginnt mit dem Gefühl »Hier gehöre ich hin« oder »Hier will ich dazugehören«. Dann senden Sie Zugehörigkeitssignale aus, ins Ungewisse, und diese wirken auf Sie zurück, sodass Sie sich dann irgendwann heimisch fühlen. Diesen Möglichkeitsraum zu erkennen, ist eine Forschungsreise in kleinen Schritten. Probieren Sie es selbst aus. Wie fühlt es sich an,

- einer beeindruckenden Seminarleiterin Monate später zu danken, weil Sie das Gelernte mit Erfolg umsetzen konnten?
- eine Glückwunschkarte an den Vorstand zu schreiben, der gerade neue Investoren gewinnen konnte?
- eine Dankeskarte an den Lieferanten zu senden, der Ihnen einen wertvollen Rat gegeben hat?
- eine kleine Aufmerksamkeit an die Kollegin aus einem anderen Unternehmen zu schicken, die Sie mit diesem Spezialisten zusammengebracht hat, der Ihnen dabei geholfen hat, Ihr Projekt zu evaluieren?

Das alles sind Zugehörigkeitssignale und sie gehen von Ihnen aus: »Der Zufall ist lediglich der Ausgangspunkt und entscheidet nicht über unser Schicksal, sondern wir führen ihn vielmehr herbei.«[57]

Damit Kontakte und Karrierechancen entstehen, gestalten Sie Situationen für diese wunderbaren Glücksmomente, in denen Sie im Einklang mit sich und der Welt Ihrer Community sind. Je höher Sie in der Hierarchie stehen, desto ungezwungener können Sie das Community-Repertoire anwenden. Schauen Sie, was für Sie angemessen ist, und variieren Sie:

- **Die neue Chefin beginnt in Ihrem Unternehmen:** Schreiben Sie eine Willkommens-SMS, schicken Sie – falls es niemand tut – einen Blumenstrauß ins Homeoffice oder an ihren Büroschreibtisch und begrüßen Sie sie, wenn möglich, persönlich in ihrem Office. Geben Sie ihr zu verstehen, wie sehr Sie sich auf die Zusammenarbeit freuen und dass Sie schon viel Gutes über sie gehört haben. Nach einigen Wochen fragen Sie nach, wie es ihr geht und ob Sie etwas tun können, damit sie sich im Unternehmen noch wohler fühlt.
- **Ihr alter Chef wechselt in ein anderes Unternehmen:** Gratulieren Sie ihm zur neuen Aufgabe, bedanken Sie sich schriftlich

für alles, was er für Sie getan hat, bedauern Sie, dass er geht, bitten Sie ihn aber nicht darum, dass er Sie mitnimmt in die neue Firma. Bleiben Sie in Kontakt, auch nachdem er den neuen Job angetreten hat. Besuchen Sie ihn mal auf einen Tee oder Kaffee oder treffen Sie sich irgendwo.

- **Sie sind zu einem Seminar angemeldet:** Falls Ihre Chefin oder der Personalentwickler Sie angemeldet, das Seminar befürwortet hat oder das Unternehmen die Gebühren bezahlt, bedanken Sie sich schriftlich dafür. Denken Sie nicht: »Das gehört doch zu deren Aufgaben. Das ist doch nicht deren eigenes Geld.« Seien Sie mit Dank großzügig. Nutzen Sie das Seminar nicht zur Wissenserweiterung, sondern ergreifen Sie die Gelegenheit, um die anderen Teilnehmer*innen persönlich kennenzulernen. Halten Sie nach dem Seminar Kontakt mit den Teilnehmenden. Würdigen Sie, dass dies Kontakte sind, die Ihnen sozusagen »frei Haus« geboten werden, weil sie im Unternehmen angestellt sind.
- **Sie sind zu einem Frühstück mit unbekannten ausländischen Gästen eingeladen:** Hier gilt den Gastgebern ganz besonders großzügiger Dank. Wenn Sie die Einladung nicht annehmen können, sagen Sie unbedingt persönlich ab und nennen Sie einen guten Grund. Danken Sie mit Blumen oder einer anderen Aufmerksamkeit, die Sie nach Hause senden – vorher oder nachher. Wenn Sie die Einladung annehmen können, ebenfalls. In dem Fall können Sie das Geschenk auch mitnehmen und vor Ort überreichen. Beim Frühstück selbst gehen Sie in die Begegnung mit möglichst allen Gästen. Interessieren Sie sich für sie, stellen Sie Fragen. Bitten Sie um deren Visitenkarten (bevor Sie eigene verteilen). Tragen Sie zu einer positiven Stimmung bei. Idealisieren Sie die Gastgeber und sprechen Sie über alle und alles positiv. Nach dem Frühstück schreiben Sie eine Dankeskarte und halten den Kontakt zu den Eingeladenen.

## Ihre Karriere braucht Wohlwollen

Jede Empfehlung, die jemand für Sie ausspricht, ist eine freiwillige Entscheidung aus herzlicher Nähe heraus. Was muss geschehen, damit Menschen gern zum Telefon greifen und Sie einem anderen Geschäftsführer als neue*n Bereichsleiter*in, für eine Beförderung oder einen neuen Auftrag empfehlen? Die Empfehlenden müssten jede der folgenden Fragen mit Ja beantworten:

- Ist die Person mir sympathisch?
- Bin ich ihr sympathisch?
- Ist sie mir wohlgesonnen?
- Ist es eine dankbare Person, die anerkennt und würdigt, was ich für sie getan habe?
- Hat sie mir gezeigt, dass sie sich allen Personen gegenüber wertschätzend, dankbar und unkompliziert verhält?
- Ist sie in der Lage, zu den Personen, denen ich sie empfehle, eine sympathische Beziehung aufzubauen?
- Wird sie mich nicht blamieren, sondern positiv über sich selbst und über mich sprechen?
- Wird sie auch bei Absagen oder Kritik, bei Missverständnissen oder hartnäckigem Schweigen der Angesprochenen nichts unternehmen, kein Follow-up starten, sondern einfach gut gelaunt, dankbar und wertschätzend bleiben?
- Wird sie sich auch dann bei mir bedanken, wenn aus dieser oder folgenden Empfehlungen niemals etwas wird?

Wohlwollen zu erzeugen, beginnt damit, Gemeinsamkeiten zu entdecken, zu bestätigen oder herzustellen. Dazu dienen im Gespräch Floskeln wie »Stimmt«, »Ja, das kenne ich auch« oder »Oh, das ist ja interessant«. Gleiches gilt für plaudern, lachen, sich gemeinsam wohlfühlen, dafür gibt es Teeküchen, Weihnachtsfeiern, Teammeetings und Konferenzen. Menschen, die sich unsympathisch sind, führen den Dialog nicht weiter und können sich im informellen Szenario unkompliziert voneinander entfernen. Sind sie sich hingegen sympathisch, entsteht mehr Nähe und es werden Bindungs- und Belohnungshormone ausgeschüttet. Das synergetische Spiel geht weiter, indem sie Kontakt halten, sich wieder treffen, sich gegenseitig inspirieren, sich Komplimente machen, danken, sich einladen und immer öfter eine gute Zeit miteinander verbringen. So entsteht Zugehörigkeit. Die größte Veränderung findet dabei in Ihrem Inneren statt.

Es ist sicherlich nicht leicht, sich einzugestehen, dass Sie aus Ihrem Elternhaus nicht die Möglichkeiten mitgebracht haben, Ihre Größe zu fühlen und diese anderen gegenüber ganz selbstverständlich auf Augenhöhe auszudrücken. Sie verbergen eher das Besondere an Ihnen, Ihr Herausragen, indem Sie Ihr Können oder Ihren Status verharmlosen. In der Folge werden Sie unterschätzt, was zu einer ständigen Spannung oder Unsicherheit führt, mitunter auch zum Alleinsein. Kontakte zu einflussreichen, großartigen anderen Persönlichkeiten sind das beste Mittel, um diese Stagnation zu überwinden. Nur in Ihrer wachsenden hochkarätigen Community werden Sie gespiegelt als die Person, die Sie sind. So können sich Erfolgsgewissheit und Selbstwirksamkeitsüberzeugung entwickeln.

Sie haben es in der Hand, aber es ist eine tiefgreifende Veränderung: keine falsche Bescheidenheit mehr, keine Abgrenzung, keine Resignation, keine Durchsetzung, kein unwillkommenes Feedback, keine Wut und kein Ärger auf andere. Nur Wohlwollen. Dann setzen sich andere gern für Sie ein, wollen Sie gern dabeihaben, wenn es um neue Projekte, Aufgaben und Positionen geht. Dies ist eine neue Erfahrung im Leben vieler Menschen, ein tiefgreifendes Gefühl für alle, die bisher dachten, sie müssten und könnten alles selbst schaffen.

Gefühle reagieren autonom auf Veränderungsimpulse. Ihr Unterbewusstsein will bisher erfolgreiche Verhaltensweisen nicht aufgeben, auch wenn es die Lebenssituation erfordert. Das »Weiter so« wird verstärkt. Deshalb reagieren viele in der ersten Phase oft mit Widerstand: »Nein, warum sollte ich die Sicherheit aufgeben?« Ist ein Wunsch damit nicht zu erreichen, kommt die zweite Phase der

**Assig + Echter Veränderungsprozess**
**Resignation oder Aufbruch?**

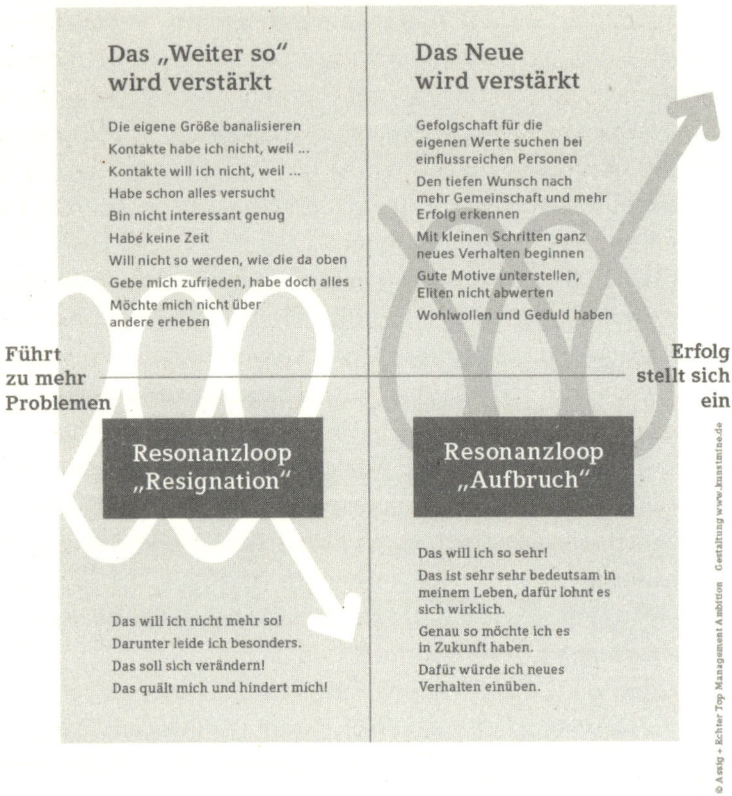


Veränderung, die Analysephase: »Warum eigentlich nicht?« Und in der dritten ist es geschafft: »Ich will es. Ich probiere es aus.«

## Lassen Sie sich auf lebensverändernde Begegnungen ein

Jeder Mensch kennt lebensverändernde Begegnungen und besitzt die Fähigkeit, neue Menschen in sein Leben zu integrieren oder sich mitreißen zu lassen. Wenn es keine Vorbehalte, Annahmen und Karrieremythen gäbe, wäre es natürlich noch leichter, die passenden Kontakte zu gewinnen. Menschen verlieben sich, schließen Freundschaften, arbeiten in einem Projekt zusammen und die Kooperation mit den ausländischen Kolleg*innen war richtig gut – so begeisternd, dass alle Bedenken schnell vergessen waren. Oder sie waren in einem Seminar und dort hat ein anderer Teilnehmer so bewegend offen von seinen ambitionierten Plänen gesprochen, dass sie erkannten: »Ich bin ja genauso ambitioniert. So will ich auch über mich denken und sprechen können, deshalb schließe ich mich mit ihm zu einer Lerngruppe zusammen.«

Lebensverändernde Begegnungen geschehen öfter, als Sie denken. Sie werden nur nicht als solche erkannt, auch wenn sie das eigene Selbstverständnis, die eigenen Gewohnheiten, und damit Karriereverlauf und Lebensentwurf entscheidend bestimmen.

> »Ohne Begegnung mit anderen können wir unmöglich wissen, was uns wirklich antreibt, wozu wir fähig sind; wir können unmöglich aus dem Gefängnis unserer Identität ausbrechen, unsere sozialen und mentalen Fesseln sprengen; unmöglich auch, unsere moralische Ader zu entdecken, jene Disposition, uns manchmal zurückzunehmen und dem Anderen den Vortritt zu lassen.«[58]

So bedeutungsvoll sieht der französische Philosoph Charles Pépin Begegnungen und wie sie das Leben und Werk von Menschen verändern und inspirieren.

Wir Autorinnen leiten Seminare für Community-Building im Topmanagement und sehen, dass Menschen in ihren Karrieren nicht weiterkommen, weil ihnen die Inspiration und der kreative Impuls von anderen Hochkarätern fehlen. Wir erleben aber auch, wie ein Leben und eine Karriere mit nur wenigen Begegnungen eine positive Wendung nehmen kann. Plötzlich ist weit mehr möglich. Manchmal ist selbst ein kurzes Gespräch so beeindruckend, dass eine neue Haltung entsteht.

Marcel traf einen älteren Investor, der durch sein Vertrauen und sein geringes Sicherheitsbedürfnis beeindruckte. »Was kann schon groß passieren?«, fragte dieser nur, als er erneut sein Vermögen in ein innovatives Businessmodell steckte. Er erläuterte, dass seine Familie eingebunden sei und seine Frau wisse, dass sie alle im nächsten Jahr vielleicht wieder von der Villa in eine kleine Wohnung umziehen müssten. Alles kein Problem.

Diese Begegnung wirkte lange in Marcel nach, und er machte sich einige Überlegungen zu eigen: weniger Statuskonsum, weniger Ängste, mehr Vertrauen, die Familie immer miteinbeziehen. Sein neues Mantra lautete: »Was kann schon groß passieren?« Unmerklich, aber lebensverändernd.

Manchmal sind es auch überraschende Begegnungen außerhalb des eigentlichen Business, die eine grundlegende Veränderung bewirken.

Maria konnte noch nie etwas mit Urlaub im Norden anfangen – doch nun war sie schon zum zweiten Mal von einer Geschäftsfreundin in ihr Haus am Meer in Schweden eingeladen, und diesmal konnte sie einfach nicht absagen. Es war ja nur ein längeres Wochenende … Die Anfahrt war lang und lästig, die Koffer voller warmer Sachen, ihr Mann verbrachte die Zeit hingegen mit den Kindern am sommerlichen Gardasee – beneidenswert.

Doch es war nicht nur die interessante, hochkarätige Runde, die Maria dort traf, die sie tief beeindruckte, sondern eine ganz neue Art des Miteinanders. Männer, Frauen, Paare, Kinder, eine chaotisch-lockere Atmosphäre. Mal kochte jemand, mal ging man aus nach erfrischenden Bädern im nahen Meer, das gemeinsame Ausklingen am Kamin, Angeln und kleine Bootsausflüge. Ganz nebenbei wurden auch Geschäfte abgeschlossen, neue Beziehungen geknüpft und Empfehlungen ausgesprochen. Der viele Alkohol war nicht ganz ihr Ding, alles andere schon. Begeistert telefonierte sie nach Italien. Ihr Mann wunderte sich zunächst, doch mittlerweile spielen die beiden mit dem Gedanken, im nächsten Jahr selbst ein hübsches Haus am Gardasee zu mieten und dorthin einzuladen.

Was für die einen die Einladung in ein Ferienhaus ist, ist für andere die Einladung zum Grillabend auf dem Balkon oder ein Picknick im Park mit Kind und Kegel. Bei Community-Aktivitäten geht es darum, das mit anderen zu tun, was Sie selbst sowieso gerne machen.

Es ist mitunter knifflig, lebensverändernde Begegnungen direkt und bewusst als solche zu erkennen, denn unterschwellige Impulse werden oft in ihrer Wirkung unterschätzt. Es kann ein Wort sein, ein Satz, ein Verhalten und nach einiger Zeit, in einer passenden Situation, erinnert man sich und weiß schlagartig, dass man seit dieser Begegnung viel mehr Trinkgeld gibt und sich gut dabei fühlt oder dass man seit einer Erfahrung im Seminar viel mehr harmlose, freundliche Komplimente macht und der Chef darauf mit guter Laune reagiert. Wenn Sie Ihre Wahrnehmung dahingehend schärfen, erleben Sie solche wertvollen Impulse öfter bewusst und können dafür dankbar sein.

## Was sind die passenden Community-Aktivitäten für Sie?

Berufliche Kontakte aufzubauen, ist immer und jederzeit möglich. Sie müssen sich dazu nicht verbiegen, verleugnen, mit unsympathischen Menschen umgeben oder ungeliebten Freizeitaktivitäten nachgehen. Sie brauchen keine Anlässe, keine irrwitzigen Vorbereitungen, keine neuen Möbel, keine anderen, ruhigeren, wohlerzogeneren Kinder, die Wohnung oder das Haus muss auch nicht neu eingerichtet werden. Alles ist richtig an Ihnen. Alles stimmt. Alles ist genau so, wie es ist, gut und großartig.

Und dann beginnen Sie niederschwellig: essen Sie zusammen mit anderen Menschen, trinken, reden, lernen, feiern Sie, genießen Sport, Kunst und Kultur:

- Sie grillen gerne und begeistert? Laden Sie Geschäftsfreund*innen dazu ein.
- Sie wollen eine Blockbuster-Ausstellung mit Ihrer Familie besuchen? Laden Sie dazu ein, und schon reisen von überall her viele

an und Sie treffen unkompliziert Menschen, die sich mit Ihnen verbunden fühlen.

- Sie gehen gerne auf Festivals? Prima. Andere Menschen auch, das können Sie gut zusammen machen.
- Sie haben einen neuen Job? Herzlichen Glückwunsch! Die beste Gelegenheit ist jetzt, alle, die Sie auf dem Weg dahin ermuntert und unterstützt haben, zu einem Danke-Sommerfest einzuladen.
- Sie sind der größte Eis-Fan oder Expert*in für ein Thema wie etwa Kaffee, Tee oder Craftbeer? Dann ist das die Gelegenheit, sich zum Beispiel auf ein Eis in der allerbesten Eisdiele der Stadt zu treffen. Oder zu einer ganz besonderen Cappuccino-Pause einzuladen.
- Sie haben einen Garten? Laden Sie dort zu einem gemeinsamen Brunch ein.
- Sie spielen gerne Golf? Oder Fußball im Park? Einige Ihrer Geschäftsfreund*innen garantiert auch, und gerne mit Ihnen.
- Sie wollen Karten für ein Konzert, etwa für die Elbphilharmonie buchen? Buchen Sie gleich mehrere, denn viele Menschen würden gerne mit Ihnen dort hingehen.
- Sie feiern Sommerfeste, bisher mit vielen Nachbarn und guten Freundinnen und Freunden? Ihre Geschäftsfreund*innen stehen schon bereit zum Mitfeiern.
- Sie segeln gerne? Bestimmt werden viele begeistert mitsegeln.
- Sie sind in London und kennen dort das angesagte neue Restaurant? Dann schreiben Sie allen, dass Sie an dem und dem Tag dort sind und gerne dorthin einladen.
- Das geht auch in Paris, Warschau, Berlin, New York, Oslo oder Dresden …

### Und dann – wenn Sie, so wie Sie sind, an diesem Ort, mit diesen Menschen richtig sind …

Die Dimension von »richtigem« oder »falschem« Verhalten ist aufgehoben. Es stimmt alles. Dieser Resonanzloop entsteht unvermittelt, unverhofft und scheinbar von selbst. Vielleicht, wenn Sie von einem Geschäftsfreund im Urlaub besucht werden und mit ihm bei Regen am Strand entlangschlendern. Oder philosophierend im Garten sitzen; wenn Sie gemeinsam eine Urlaubskarte an eine Ihnen beiden bekannte Professorin schreiben; wenn Sie mit Community-Freundinnen und -Freunden im Münchner Haus der Kunst auf der Sommerterrasse sitzen oder auf einem Kongress zusammen einen Vortrag hören und anschließend die Welt neu sehen und gemeinsam diskutieren.

# 9. Mythos: Wer sich durchsetzt, macht Karriere

## Wie der Mythos sich zeigt: *»Gegen Ungerechtigkeiten muss ich mich wehren, meine Ziele auch gegen Widerstände umsetzen. So gelte ich als starke Persönlichkeit und komme in eine Führungsposition.«*

Diesem Karrieremythos verfallen häufig Menschen, die sich unterlegen und ungerecht behandelt fühlen, die meinen, ihnen persönlich (und vielleicht noch ihrem Team oder ihrer Familie) müsse »Gerechtigkeit« widerfahren. Sie verwechseln dabei jedoch Kränkbarkeit mit Gerechtigkeitssinn. Letzterer dient ihnen als rationaler Überbau für ihre subjektiven Selbstwertprobleme und legitimiert ihre Durchsetzungsaktionen. Sie wollen Macht und Dominanz statt Unterwürfigkeit und Unsicherheit signalisieren, sich nicht unterkriegen lassen und ihre Interessen vertreten, gerade in Situationen, in denen sie vermeintlich die Schwächeren sind.

Jeff, ein begabter junger Finanzmanager, hat die Projektleitung für einen Neubau übernommen und sich wochenlang auf seinen ersten Auftritt im Entscheidungsgremium vorbereitet. Seine Präsentation steht, er weiß genau, dass sie brillant ist und sehr positive Reaktionen auslösen wird. Er ist aber unsicher, wie Alexandra, seine Chefin, das findet, denn sie stimmt nicht in jedem Punkt mit ihm überein und hat ihm nur zögernd die Rolle des Präsentators für dieses Thema überlassen. Am Tag vor dem bedeutsamen Meeting fliegt Jeff noch zum Architekturbüro nach Mailand, doch als er abends seine Rückreise antreten möchte, teilt Alexandras Sekretärin ihm mit, dass sie ihn auf einen Flug am Abend des nächsten Tages umgebucht hat – angeblich weil der deutlich preiswerter sei. Die Chefin lässt ihm ausrichten: »Leider kannst du dann nicht präsentieren, das ist aber nicht weiter schlimm, Alexandra übernimmt das. Kannst du ihr bitte deine Präsentation und auch alles, was in Mailand geschehen ist, umgehend per E-Mail weitergeben und dich am nächsten Morgen telefonisch bereithalten? Danke dir.«

Jeffs Enttäuschung ist groß und Wut kommt in ihm auf. Sein innerer Impuls ist: »Wie kann ich mich bloß gegen Alexandra durchsetzen?« Er kommt dabei durchaus auf Ideen, die ihm brauchbar und einleuchtend erscheinen. Die aktuelle Präsentation mit den neuesten Details aus Mailand *nicht* an seine Chefin zu senden; als Grund könnte er Internetprobleme nennen. Er könnte auch Fehler in die Präsentation einbauen. Oder soll er einfach mit einem Mietwagen nachts zurückfahren, statt zu fliegen, pünktlich zum Meeting erscheinen und so tun, als wäre nichts, und einfach mit der Präsentation beginnen? Er könnte sich sogar beim Chef des Gremiums melden und von Alexandras »Intrige« berichten. Er könnte auch auf der Stelle kündigen und diese Kündigung auch begründen. Das und vieles mehr geht Jeff durch den Kopf. In einem Telefongespräch mit einem Geschäftsfreund rät dieser ihm, seinen Durchsetzungsfantasien nicht nachzugeben. Jeff beruhigt sich und handelt wie von Alexandra gewünscht. Wieder zurück, sucht er das Gespräch mit ihr und erfährt, dass Alexandra für eine neue, höhere Position vorgeschlagen ist und die Präsentation dazu dienen sollte, sie einer wichtigen Person im Entscheidungsgremium vorzustellen. Jeff soll daraufhin Alexandras Position bekommen.

Durchsetzungsstrategien beziehen nicht die Interessen des Umfelds, den Kontext, mit ein, der in seiner Gesamtheit oft nicht bekannt ist – wie auch in Jeffs Fall. Es gilt stattdessen die Devise »Ich gegen die anderen«. Situation um Situation wird aneinandergereiht: »Und dann hat sie gesagt, dann habe ich gesagt und dann hat sie wieder …« Allein so zu denken, ist ein Missverständnis. Denn es geht nicht um die Situation an sich, sondern darum, wie Menschen sich innerhalb eines Einflussgefüges bewegen, um ihren persönlichen Einfluss zu mehren.

Beim Thema Durchsetzung kommt alles zusammen, was zu einer Karriere führt oder sie blockiert:

- Sehen Sie das größere Bild – Ihr erfolgreiches Unternehmen, Ihre erfolgreiche Karriere – oder sind Sie in der aktuellen kränkenden und ungerechten Situation gefangen?
- Fühlen Sie sich sicherer in der Konfrontation oder in der Kooperation?
- Möchten Sie andere für sich gewinnen oder über sie triumphieren?
- Agieren Sie aus einem Gefühl der Ohnmacht oder als Autorität?

Das wird in der Durchsetzungsliteratur und in Durchsetzungsseminaren nicht angesprochen. Vielmehr wird suggeriert, dass Durchsetzung ein einmaliges Geschehen sei, losgelöst von anderen Personen, Dynamiken und Interessen. Aber Einfluss lässt sich so nicht gewinnen, eine Community auch nicht – nur Distanz, Ärger und Wut. Deshalb ist das Erkennen der Einflussdynamiken, denen Karrieren unterliegen, viel entscheidender als Durchsetzungs- und Schlagfertigkeitstrainings. Gehen Sie daher nicht von Ihrer Ohnmacht aus, sondern von Ihrer selbstgewissen Autorität.

Wenn Menschen ihre Größe fühlen, handeln sie ihre Interessen in andauernden Prozessen immer neu mit den Wünschen anderer aus. Wenn sie jedoch kein Bewusstsein für ihren Einfluss haben und nicht wissen, wie sie ihn vergrößern können, ist es eine verlockende Vorstellung, die vermeintliche Abkürzung zu nehmen, sprich: selbst zu definieren, was »Gerechtigkeit« und was »Wahrheit« ist, und auf dieser Basis zu handeln. In der Vorstellung wird so ein für alle Mal Gerechtigkeit hergestellt. Zunächst erreichen sie auch häufig ihre Ziele, doch langfristig ist die Karriere gefährdet. Die Situation ist eskaliert, jemand wurde bloßgestellt oder bleibt als Verlierer zurück und sucht nach Verbündeten und Gelegenheiten, es allen heimzuzahlen – etwa durch das Streuen von Gerüchten, negatives Reden, Intrigen et cetera.

Die emotionalen Reaktionen auf abwertendes oder aggressives Verhalten laufen in der Psyche autonom ab: Auf eine Kränkung folgen Erstarrung, Rückzug, Trauer, Neid oder eine Identifikation mit der stärkeren Person, meist jedoch Ärger und Aggression und das Bedürfnis, den anderen anzugreifen, über ihn zu siegen oder ihn mindestens ebenso zu kränken. Die Delle im eigenen Selbstwertgefühl möchte auf der Stelle ausgeglichen werden.

Menschen denken: »Das kann ich unmöglich auf mir sitzen lassen«, »Wenn ich mich jetzt nicht wehre, geht das immer so weiter«, »Jemand muss diesen Menschen stoppen« et cetera. Hier wird Selbstdisziplin gebraucht, um eine Reflexionspause einlegen zu können, damit dieser Karrieremythos nicht wirken kann. Die Psyche einer erwachsenen Person mag sich das Beleidigtsein nicht eingestehen, sie braucht einen akzeptablen, rational nachvollziehbaren Grund für ihre Rachegelüste. Diese gelten aber als gesellschaftlich nicht akzeptabel, der viel beschworene Gerechtigkeitssinn schon. Wird das Verhalten des vermeintlichen Aggressors als ungerecht gedeutet, ist nicht das Gekränktsein der Grund für das Bedürfnis nach Durchsetzung.

Menschen mit einem wahren Gerechtigkeitsempfinden gibt es natürlich. Sie sind daran zu erkennen, dass sie sich für andere einsetzen, viel Geld spenden und Gutes tun für andere, denen es weniger gut geht als ihnen.

## Veränderte Führungsrolle

Ist das Arbeitsleben wirklich ein einziges Gegeneinander, in dem jede und jeder das Territorium verteidigen muss, oder kann es ein Ort der Ambition sein, in dem ein erfülltes Arbeiten möglich ist?

Noch vor nicht allzu langer Zeit war das Oben und Unten in Unternehmen klar definiert. Dass sich ein Chef viel herausnehmen durfte, war allgemeiner Konsens, die Abhängigkeit groß und selbstverständlich und die »Untergebenen« haben das akzeptiert. Heute gilt das nicht mehr.

Doch welches ist »richtiges« und »falsches« Verhalten von Chef*innen? Wer ist überhaupt der/die Chef*in? Hierarchien verschwimmen in vielen Unternehmen, es geht vielmehr um Ideen, schnelles Entscheiden und Umsetzen. Ein Vorgesetzter hat viele Menschen zu führen, die ihm fachlich überlegen sind und die überall im Unternehmen gute Beziehungen, also ebenfalls Einfluss haben. Es gibt Meinungsführer*innen, die ihren neu hinzugekommenen Führungskräften in Sachen Machtentwicklung weit überlegen sind. Multiple Reporting Lines sind üblich, das heißt, Menschen haben mehrere Chef*innen, Sponsor*innen, Coaches und einen Betriebsrat, der ihre Interessen vertritt. Macht muss täglich ausbalanciert werden, Situationen sind oftmals nicht eindeutig geregelt. Dies ist der Nährboden für Missverständnisse, versehentliches oder absichtliches Aneignen von zu viel Entscheidungskompetenz und für Machtmissbrauch. Das Kränkungspotenzial wächst entsprechend mit.

Die Komplexität des agilen Arbeitens und ständiger Veränderungen wirkt auf manche Menschen wie Unklarheit und Intransparenz. Machtzentren und Machtvakua verändern sich nicht nur laufend, sie sind auch zu verändern. Nie gab es mehr Einflussmöglichkeiten in den Unternehmen als heute. Wer das richtige Repertoire einsetzt, kann den eigenen Einfluss erweitern. Durchsetzung gehört nicht dazu.

Wer sich durchsetzt, ist mächtig, galt lange als Paradigma. Das ist die Vorstellung einer Arbeitswelt, die von »Survival of the fittest«, dem Überleben der Stärksten, getrieben ist. Der Historiker Rutger Bregman hat in seinem internationalen Bestseller *Im Grunde gut* dargelegt, dass die Welt immer schon vielfältiger war, dass Menschen als Gemeinschaft die Interessen anderer, Schwächerer, wahrnehmen, dass der Gemeinsinn alle Menschen trägt.[59] Menschen verlassen sich darauf, dass ihre Mitmenschen zu Affektkontrolle, Kooperation, Mitgefühl und guten Taten fähig sind. Sonst wäre ein

Zusammenleben schier unmöglich. Auch wenn es Ausnahmen gibt wie in jedem gesellschaftlichen Bereich, sind Unternehmen und Organisationen von Kooperation und gutem Willen getragen.

In Unternehmen, wie in allen sozialen Systemen, werden Stimmungen ständig austariert, mal überwiegt die Begeisterung, dann gibt es Phasen von Verweigerung, Vereinzelung, Zuversicht, größte Erfolge und Stillstand – dann wieder wollen alle alles anders machen. Menschen bewegen sich in diesen Systemen mit ihren unterschiedlichen Wünschen, Hoffnungen und Träumen. Sie wollen in ihrem Unternehmen nicht resignieren oder rebellieren, sondern an einem Ort arbeiten, der ihnen ein sinnerfülltes Leben ermöglicht. Sie suchen einen Weg dahin, der manchmal mühsam und lang ist. Durchsetzungsstrategien sollen diesen Weg verkürzen, tatsächlich versperren sie aber nur die Sicht auf die Situation.

### Der Wenn-dann-Test

Die entscheidende Frage ist: »Wenn ich mich durchgesetzt habe, was werden dann diejenigen, die direkt oder indirekt betroffen sind, fühlen, denken, kommunizieren und entscheiden?«

Carolin ist zuständig für die Retouren eines großen Onlineeinzelhändlers. Sie hat ihre Chefin Jana um drei freie Tage gebeten, um ihre kranke Mutter zu versorgen, und ein glattes und kurzes Nein zur Antwort bekommen, obwohl bereits für eine Vertretung gesorgt war. Jana ist eine hochintelligente, ambitionierte junge Frau, die einen autoritären Führungsstil pflegt. Sie delegiert nahezu alle Aufgaben, auch ihre eigenen, an ihr Team, ohne Rücksicht auf Ressourcen und Zeitbudgets. Sie selbst geht gern pünktlich um 16 Uhr zum Sport. Bei Fehlern, Verzögerungen oder jeglichem Widerspruch wird sie laut und beschuldigt Einzelne vor allen anderen. Den Kontakt nach oben behält sie sich selbst vor und steht mit den Leistungen und Ideen des Teams immer gut da.

In einem Durchsetzungsseminar hat Carolin geprobt, wie sie sich verhalten könnte, um ihre Ziele besser zu erreichen. Sie möchte für sich selbst, und natürlich auch für ihre Kolleginnen und Kollegen, die Situation verbessern. Also bittet sie ihre Chefin um ein Gespräch. Sie spricht laut und langsam, lässt sich nicht unterbrechen, bringt ihre Kritikpunkte vor, doch Jana interessiert es nicht besonders, und sie hat dann auch bald einen anderen Termin. Carolins Vorstoß wird zunächst von ihrer Vorgesetzten im Keim erstickt. Mit Unterstützung des Betriebsrats und der Kolleg*innen erstellt Carolin daraufhin eine Liste von Veränderungswünschen und vereinbart einen Termin mit Joachim, Janas Chef. Ihm berichtet sie ausführlich von der Situation und bittet ihn darum, ein Gespräch mit ihm, Jana, allen Kolleg*innen und einem Moderator zu führen, um die Missstände zu benennen und aus dem Weg zu räumen. Er willigt ein. Das Gespräch dauert drei Stunden, in denen Jana sich kompromissbereit von ihrer besten Seite zeigt. Lösungen werden gefunden und dokumentiert, an die sich im Nachhinein auch alle halten – nur Jana nicht. Carolin bittet Joachim erneut um Hilfe, doch dieser wiegelt immer wieder ab: »Es wird eine Lösung geben.« Nach einigen Monaten wird Jana in einen anderen Bereich versetzt und befördert. Carolin fühlt sich großartig und macht mit Ihrem Mann eine Flasche Champagner auf.

Hätte sie im Vorfeld einen Wenn-dann-Test durchgeführt, hätte sie anders reagiert. Sie hätte sich fragen sollen:

- Wie fühlt sich Joachim in diesem Prozess?
- Wie wird er über mich denken?
- Wie wird er über mich sprechen?
- Wie wird er über meine Karriere entscheiden?
- Und was ist mit den anderen Beteiligten?

Die wahrscheinlichen Ergebnisse ihrer Überlegungen:

- Joachim fühlt sich genervt, er möchte mit Carolin am liebsten nichts mehr zu tun haben, der ganze Konflikt ist ihm lästig. Er hält sich fern von Menschen, die sich bei ihm über andere beschweren, die nicht loyal zu ihren Vorgesetzten stehen – und das nur wegen »ein paar Stunden Urlaub hin und her«. Er sieht sie als schwierig, ja sogar als Querulantin. Jana hingegen schätzt er, weil sie stets unkompliziert seine Wünsche und seinen Stil akzeptiert und ihn mit keinen eigenen Befindlichkeiten behelligt hat. Ihr Laden lief und er konnte sich auf seine anderen Aufgaben konzentrieren. Joachim musste bereits eine Menge Zeit – die er eigentlich nicht hatte – mit dieser Sache verschwenden, muss nun jemand Neuen suchen und einarbeiten, das kostet wieder wertvolle Zeit.

- Carolin sollte sich am besten niemals mehr mit irgendeiner Idee an Joachim wenden. Eine Förderung kann sie von ihm nicht erwarten – am besten sie verlässt das Unternehmen.
- Jana hat gelernt und ihren Führungsstil etwas angepasst. Sie trifft sich immer wieder mit Joachim und ihrem Nachfolger auf einen Kaffee und scheint rundum zufrieden.
- Carolins Kolleg*innen müssen sich an einen neuen Chef gewöhnen. Sie alle hatte Janas ruppiges Verhalten wenig gestört. Auch sie meiden Carolin ab jetzt, denn sie haben keine Lust, noch mal so ein Drama durchzustehen. Im Nachhinein finden sie auch, dass der Anlass des Konflikts doch eher gering war, man hatte sich doch schon fast arrangiert. Statt zu rebellieren, passen sie sich lieber an ein paar Eigenheiten des neuen Chefs an und kümmern sich um ihre Karrieren.
- Janas Nachfolger hat bei der Übergabe von Jana schon erfahren, wer »diese Carolin« ist. Ihm wurde zur Vorsicht geraten.

## Lesson learned

Sie stellen sich vielleicht die Frage: »Muss ich mir in der Firma alles von allen gefallen lassen, weil ich sonst keine Karriere machen kann? Wenn ich doch mal Missstände anprangern will, kann ich mir die Mühe eigentlich gleich sparen und direkt kündigen?« Grundsätzlich ist eine Karriere im Unternehmen nur möglich, wenn die Entscheider*innen Ihnen gegenüber Wohlwollen empfinden. Karrieren können nicht durchgesetzt werden. Auch kann das Verhalten von Chef*innen weder durch Rebellion noch durch Durchsetzung verändert werden. Wenn es denn überhaupt möglich ist, das Verhalten von anderen Menschen zu beeinflussen.

Carolin hat ein eindeutiges und starkes Kränkungsgefühl und ist empört, ihre Gefühle wurden jedoch nicht – oder nicht im gleichen Maße – von ihren Kolleg*innen geteilt. Deren anfängliche Zustimmung hat Carolin in die Irre geführt. Doch selbst wenn alle ihre Empörung geteilt und die Aktion bis zum Ende mitgetragen hätten, hätte es kein anderes Ergebnis geben können, denn der Wert der Loyalität ist in allen Unternehmen ein hochgeschätztes Gut. In diesem Beispiel haben alle sich um Loyalität bemüht, Kolleg*innen sind ihr nicht in den Rücken gefallen; die Chef*innen haben Gespräche mit ihr geführt; der Betriebsrat hat sich engagiert. Eine öffentliche Kritik an Vorgesetzten wird als Loyalitätsbruch verstanden. Deshalb blieb das Ergebnis für Carolin unbefriedigend und hat ihr sogar geschadet.

Viele Menschen können sich mit vermeintlich oder tatsächlich schwierigen Chef*innen gut arrangieren, sie sehen das inkorrekte Verhalten, aber leiden nicht darunter. Was für Carolin unerträglich war, ist für die Kolleg*innen tolerabel. Unser Beispiel zeigt, dass es vordergründig aussieht wie »Wir alle gegen die da oben«, die Situation aber deutlich vielfältiger ist. Sie ist von teilweise weit auseinanderliegenden Interessen geprägt: Janas, Carolins, Joachims, die der Kolleg*innen.

Was hätte Carolin stattdessen tun können?

- Darüber reflektieren, ob Janas Verhalten tatsächlich unerträglich für sie selbst ist, und wenn ja, einen Wechsel in einen anderen Bereich oder ein anderes Unternehmen in Betracht ziehen.
- Sich in die Kolleg*innen hineinversetzen: Wie verhalten sie sich? Haben sie tatsächlich die gleichen starken Gefühle wie sie selbst?
- Den Wenn-dann-Test machen.

Und schließlich gibt es neben aktuellen Konflikten in Unternehmen viele Möglichkeiten, die Unternehmenskultur grundsätzlich zu beeinflussen, auch von Menschen, die keine formale Macht haben: sich im Betriebsrat engagieren; in Arbeitsgruppen, die sich mit neuen Führungsleitlinien oder Ähnlichem befassen oder Ideen für die Veränderung von Prozessen und Vorgehensweisen in das sogenannte betriebliche Ideenmanagement einbringen.

Keinen Einfluss zu haben, kein Vertrauen darauf, auf positive Weise und kooperativ die eigenen Ziele zu erreichen, keine Autorität zu sein, keine der nötigen Verbindungen zu besitzen, um Werte zu prägen – so werden diejenigen gesehen, die Durchsetzungspläne schmieden. Allein auf weiter Flur, ohne Zugehörigkeitsrepertoire, ohne Zuversicht, ihnen werden keine anspruchsvollen Aufgaben zugetraut, keine Führungsaufgaben, und ihre früheren Erfolge sind vergessen. Von Führenden wird erwartet, dass sie Menschen für ihre Überzeugung zu gewinnen imstande sind, auch gegen Widerstände, auch in schwierigsten Situationen, auch wenn nicht unmittelbar alle begeistert sind, auch wenn der Rückenwind der Chef*innen mal ausbleibt.

## Wie der Mythos sich mit Ihren inneren Widerständen verbündet und Ihrer Karriere schadet: *»Mir ist übel mitgespielt worden, das kann ich mir nicht gefallen lassen, sonst geht das immer so weiter.«*

Die wichtigste Aufgabe unserer Psyche ist es, Schmerz zu vermeiden und möglichst viel Freude zu haben – körperlich, geistig und emotional –, und das versteht sie meisterhaft. Niemand wird gern gekränkt und herabgesetzt. Forschungsergebnisse besagen: »Psychische Verletzungen wie soziale Ausgrenzung oder Liebeskummer aktivieren die gleichen Regionen im Gehirn wie physischer Schmerz.«[60] Sie können für manche so überwältigend sein, dass sie ihr Verhalten konsequent darauf ausrichten, unkränkbar zu sein. Um sich zu schützen, unterstellen sie anderen Menschen bösartige Motive, zum Beispiel dass diese nur ihren eigenen Vorteil sehen und andere ausbeuten oder unterdrücken wollen. Die Strategie der Wahl ist dann präventive Dauerdurchsetzung. Sie übernehmen aggressiv das Kommando, schüchtern ein und lassen keine Nähe zu. Bei eindeutig Stärkeren und Höhergestellten reißen sie sich mühsam zusammen. Wenn sie in ihrem Job herausragend sind, geht das auch eine Weile gut.

## Auslöser von Durchsetzungsfantasien

Oft reichen Kleinigkeiten oder Nachlässigkeiten, die wir als herabsetzend empfinden: Eine Frau im SUV drängelt sich in die Linksabbiegerspur, ein Mann an der Supermarktkasse nach vorn, jemand breitet seine Sachen auf dem gemeinsam Platz am Tisch aus und nimmt damit den ganzen Raum ein, andere reden ununterbrochen, ohne sich im mindesten für die Ansichten der übrigen Teilnehmer*innen zu interessieren, oder unterbrechen immer wieder einen anderen Beitrag im Meeting et cetera. Und schon ist die Psyche in Aufruhr und sinnt nach Möglichkeiten, das Selbstwertgefühl wiederherzustellen.

Jeder Tag bietet solche Situationen, die als kränkend oder beleidigend empfunden werden können, oder besser gesagt: empfunden werden könnten, denn manchmal reagiert die Psyche nicht – je nachdem, wer was tut, mit welcher Haltung, Gestik, Mimik, ob mit oder ohne Publikum. Kränkbarkeit ist also individuell. Was für die eine ein schwungvolles, begeisterndes Auftreten ist, empfindet der andere als bedrängend und einschränkend.

Sich in einer kränkenden Situation durchzusetzen, ist wie ein Zuckerschock: ein schnelles High und danach ist man kraftlos. Es fühlt sich großartig an, löst Triumphgefühle aus und pusht das Selbstwertgefühl. Durchsetzungsgeschichten klingen immer nach Abenteuer, Freigeist und Heldentum: »Jetzt weiß endlich jeder, dass man mit mir nicht Schlitten fährt.« Die Psyche ergibt sich dem Mythos, Durchsetzungsratgeber werden gelesen, die »Gegner« ins Visier genommen, und schon sind unangenehme Gefühle der Ohnmacht, Schwäche und Enttäuschung verschwunden. Bereits der Plan euphorisiert, erst recht, wenn jemand sich zur Rebellenführerin, zu einem Robin Hood hochstilisieren kann, der auch gleich für andere mitkämpft. Schmerzvermeidung pur? Die Heldensage sichert zumindest kurzfristig gute Stimmung.

Nicht nur jeder Mensch, auch jede Kultur und Subkultur definiert eigene Grenzen, deren Übertretung als Angriff gilt. Was darf jemand der Chefin sagen und was nicht? Wie groß oder klein muss ein Geschenk sein, ohne die Gastgeber zu beleidigen? Was anständig ist, was gerecht ist, was man tut und was nicht – jede Kultur hat ihre eigenen Kränkungsauslöser. So mag es in manchen arabischen Businesskulturen Konsens sein, dass Männer sich bei geschäftlichen oder informellen Gesprächen bis auf wenige Zentimeter nah kommen, während es in Großbritannien schon als Belästigung gilt, einen halben Meter Distanz zueinander zu unterschreiten.

Manchmal liegen seelische Kränkungen und Verletzungen sehr weit zurück, in der Kindheit und Jugend, und wirken nach. Die Seele will im Erwachsenenalter immer noch den befürchteten Schmerz vermeiden. Wenn jemand als jüngstes Kind von vier Geschwistern immer das schlaueste war, aber als Nesthäkchen nie ernst genommen wurde, dann kann das zu ausgeklügelten Fertigkeiten der Durchsetzung führen. »Retraumatisierungen« heißen seelische Schmerzen, die durch eine ähnliche Situation wie diejenige ausgelöst werden, die in früherer Zeit für ein Trauma, also eine schmerzhafte Erfahrung, gesorgt hat. Der Drang, immer recht zu behalten und stets die Oberhand zu gewinnen, kann so bei diesem jüngsten Geschwister lebensbestimmend werden. Im Laufe der Karriere sind es nicht selten Personen mit solchen und ähnlichen Alltagstraumata, die ihre Belegschaft autoritär führen und die dadurch wiederum den Durchsetzungsdrang ihrer Mitarbeitenden verstärken – ein Teufelskreis.

## Ihre Karrierestrategie: Agieren Sie einflussreich

Das Wissen, dass Durchsetzung weder zu Verhaltensänderungen anderer noch zu Ihrer erfolgreichen Karriere führt, bedeutet nicht, dass Sie ab jetzt passiv alle Widrigkeiten ertragen, sondern Sie brauchen ein wirksames Repertoire, um Situationen und Personen beeinflussen zu können, die Sie als ungerecht oder unerträglich empfinden. Sie lassen den Durchsetzungsmodus hinter sich und schalten um in den Einflussmodus.

Einfluss wird weder verliehen noch festgelegt, er wird verhandelt, jeden Tag. Einfluss ist auf allen Ebenen möglich. Auch wenn jemand faktisch über keine Macht verfügt, können die Einflussmöglichkeiten sehr groß sein. Wenn Sie Meinungsführerin sind, weil Sie mit vielen wichtigen Personen aus verschiedenen Feldern Kontakt haben, weil Sie deren Urteil zu beeinflussen in der Lage sind, werden Ihnen Fachwissen und Autorität zugeschrieben. Sie sind aber auch einflussreich, wenn Sie für einflussreich *gehalten* werden. Meinungsführerschaft entsteht durch Nähe.

## Einfluss hat nichts mit Leistung zu tun und alles mit Nähe

Wer nicht diese Nähe besitzt, kann noch so gut sein, auch die besten Ideen werden dann nicht gehört. So erging es Lucky, einem nerdigen Informatiker, der viele zukunftsträchtige Programme entwickelt hat, die dem Unternehmen, bei dem er angestellt war, jährlich große Umsätze bescherten. Er bezog ein großzügiges Gehalt, hatte jedoch kaum Nähe zu Entscheidern. Er arbeitete gerne und erfolgreich, seine Einzelgängerrolle wurde akzeptiert. Als das Unternehmen in eine Krise geriet, wurde sein Bereich ausgegliedert und an einen asiatischen Konzern verkauft. Obwohl Lucky einen Plan parat gehabt hätte, um Umsätze und Gewinne aus den von ihm entwickelten Programmen noch deutlich zu steigern, interessierte sich niemand dafür, er bekam nicht einmal einen Termin beim Vorstand. Seine neuen asiatischen Vorgesetzten verstanden seine Art zu arbeiten nicht und fanden sein Benehmen befremdlich bis unverschämt. Ihre Wege trennten sich. Doch Lucky hatte auch später als Selbstständiger große Mühe, Menschen für seine weit in die Zukunft reichenden Ideen zu begeistern.

Leistung und Einfluss sind unterschiedliche Dimensionen, was schon viele Ambitionierte zur Verzweiflung getrieben hat. Sie wissen einfach nicht, wie Einfluss entsteht. Es ist ein langer, oft unsichtbarer Prozess. Sie verstehen ihn besser, wenn Sie die Perspektive der Vorgesetzten einnehmen. Diese fühlen sich von »guten Ideen« und Verbesserungsvorschlägen umzingelt, sie hören unablässig Ideen und Forderungen, mit denen sich ihre gesamte Umgebung bei ihnen durchsetzen möchte. Sogar ihre Familien und ihr Freundeskreis machen nicht davor halt, sie mit ihren genialen Einfällen zu bedrängen. Sie kämen niemals durch den Tag, wenn sie sich nicht gegen diese Flut abgrenzen könnten. Deshalb sprechen Vorgesetzte lieber mit Menschen, die nichts von ihnen wollen, sondern mit denen Sie einfach eine gute Zeit haben und mit denen sie ungezwungen plaudern können. Menschen, die ihnen mit Gelassenheit und Wohlwollen begegnen und dabei die eine oder andere Idee erwähnen, absichtslos.

Worauf reagieren Vorgesetzte? Auf Nähe. Sie freuen sich, wenn sie ein wertschätzendes Gespräch erwarten, wenn sie sich nicht abgrenzen, nicht Nein sagen müssen. Das spürt dann auch der Assistent und stellt Sie sofort durch: »Da wird sich meine Chefin aber freuen, von Ihnen zu hören!« – statt sich zu fragen, wie er Sie am schnellsten abwimmeln kann. Die Dynamiken von Nähe und Einfluss oder Distanz und Ohnmacht definieren jedes menschliche Miteinander, gehören zum selbstverständlichen Alltagshandeln und werden in jeder Kommunikation quasi en passant miterledigt. Keine Gruppenbeziehung ist davon frei. Haben Menschen im Alltag die Fähigkeit, Nähe zu anderen Einflussreichen herzustellen und damit Macht auszuüben, zeigt sich das sofort: Ihnen wird gern zugehört, ihre Anliegen werden ernst genommen.

Die Strategien des Einflussgewinns sind universell: Es sind die oft unscheinbaren positiven Verhaltensweisen im Alltagshandeln, die darauf angelegt sind, Gefolgschaft auszulösen, genauer: freiwillige Gefolgschaft. Schon manche Zweijährige in der Kita erlangen sehr schnell Einfluss: »Sie bekommen mehr Aufmerksamkeit, führen die Spiele an und kontrollieren die wertvollen Ressourcen, wie beispielsweise den hochbegehrten Roller oder die beliebteste Schaukel.«[61] In seinem überaus empfehlenswerten Buch *Das Macht-Paradox* zeigt Dacher Keltner, Professor der University of California in Berkeley, auf, wie Macht entsteht und bleibt. Dauerhafte Macht haben demzufolge jene Personen, denen es gelingt, tragfähige Bindungen in der eigenen Community zu festigen.[62]

Sie möchten sich nie mehr durchsetzen müssen, dass Entscheidungen zu Ihren Gunsten getroffen, Sie ausgewählt, Konflikte gelöst, Karriere- und Gehaltssprünge möglich werden? Dann brauchen Sie Einfluss.

Damit Einfluss entstehen kann, müssen unterschiedliche Haltungs- und Handlungsdimensionen zusammenkommen, die wir in diesem Buch beschreiben. Es geht dabei immer um Nähe: Werden Sie gesehen? Wird Ihnen zugehört? Werden Sie anerkannt? Erhalten Sie Zugang?

Wenn Sie immer wieder lesen und hören, wie erfolgreich Durchsetzung im betrieblichen Kontext ist, dann ist dieses neue Paradigma, das wir vorstellen, zunächst unglaublich – wie eine Aufforderung zur Ungerechtigkeit. Immer im Kontext und strategisch zu denken, mag eine ganz neue Lernerfahrung für Sie sein. Auf die Dauer wird unsere Einflussagenda – der Wir-Erfolg – Ihnen erleichtern, selbst einflussreicher zu werden. Natürlich gibt es schwierige Personen, vielleicht gehören Sie selbst auch dazu. Und dennoch gibt es das Wir. Im Unternehmen wollen Sie gemeinsam besser werden, wachsen und Erfolg haben. Je mehr Ihnen dieses Denken zur Gewohnheit wird, desto mehr erkennen Sie, dass schwierige Chef*innen nicht Ihre Feinde sind, sondern Ihre Verbündeten. Bleiben Sie in der Wir-Dimension: »Gemeinsam wollen wir hier erfolgreich sein.«

# Warum Karriere machen?

Diese Frage stellen sich ambitionierte Menschen entweder nie oder unablässig. Es hängt davon ab, ob Sie Ihren richtigen Platz gefunden haben. Sie können nicht anders, als Ihrer Ambition zu folgen, und diese ist bestrebt, Sie zu dem Platz zu führen, an dem sie sich erfüllen kann. Es war Viktor Frankl, der in Menschen einen Willen zum Sinn sieht; das Leben soll bedeutsam sein. [63]

Dabei muss es nicht die große Karriere sein. Manchmal finden Menschen Erfüllung auch in der zweiten Reihe, in wenig glamourösen Positionen, einem Hobby, einem Ehrenamt oder in der Familie. Oder Ihre Ambition leitet Sie in Sphären, mit denen Sie nie gerechnet haben, so unvorstellbar erscheint Ihnen dieser Aufstieg. Wer bin ich in diesem Leben? Das ist die zentrale Frage jedes Menschen. Um glücklich zu sein, müssen Menschen nicht Karriere machen. Wenn Sie ausgefüllt sind, ein Hobby intensiv pflegen, sich ehrenamtlich engagieren, kranke Eltern betreuen, dann fühlen Sie sich vom Sinn erfüllt. Dann wissen Sie: In diesem Leben bin ich am richtigen Platz und habe gute Entscheidungen getroffen. Wer im eigenen Tun aufgehen kann, dabei Flow-Erlebnisse[64] hat, ist glücklich. Nicht immer, nicht in jedem Augenblick, doch als Grundgefühl. Es ist immer die intrinsische Motivation, die wirkt. Wenn Sie dieses Buch gelesen haben, wenn Sie an einer anspruchsvollen Aufgabe arbeiten, wenn Sie mehr wollen, lernen wollen, dann kennen Sie diesen starken Antrieb, Ihr Können zu vervollkommnen und damit etwas Gutes in die Welt zu bringen.

Treffen ambitionierte Menschen Karriereentscheidungen? Sieht nicht so aus, denn das, was üblicherweise damit verbunden wird, sind Wünsche nach Status, Reichtum, Ruhm, also mögliche Ergebnisse von Karrieren. Für eine Studentin, die einen Abschluss einer Eliteuni hat, scheint der Weg vorgezeichnet. Sie überlegt sich: Wo habe ich die besten Aussichten? Dieser erste Schritt entscheidet nicht alles, er ist auch keine Karriereplanung. »In zwei Jahren dies, dann das, dann bin ich dort angelangt und dann …« – das hat noch nie funktioniert. Diese Vorstellung ist von der VUKA-Realität[65] längst überholt worden. Einer Berufung, einer Ambition zu folgen, geht tiefer, ist kein Plan, sondern berührt die Persönlichkeit zentral. So viel muss im Leben zusammenkommen, damit Menschen an dem Platz ankommen, an dem sich ihre Ambition erfüllen kann. Geld ist kein Ersatz dafür. Ruhm auch nicht. Das Sehnen ist nicht durch einen Titel zu stillen.

Unter dieser Prämisse haben wir unser Buch geschrieben: ein glückliches, erfülltes Leben führen – dahin gibt es viele Wege. Arbeit ist einer davon. Karriere machen ein weiterer.

Wenn alles passt, die Persönlichkeit, die Mitmenschen, die Aufgabe, das Können, die Erfahrung, dann spüren Menschen: »Hier bin ich richtig.« Wer diese Unbedingtheit anstrebt, erlebt und ihr folgen kann, ist ein glücklicher Mensch. Oft folgen dann Ruhm und Geld, so wie bei der auch finanziell sehr erfolgreichen amerikanischen Schriftstellerin Kristen Roupenian. Sie weiß, dass auch Wünsche nach finanzieller Freiheit Mut brauchen:

> »Aber hier bin ich nun, 40 Jahre alt, und das ist genau das, was ich habe. Ich könnte sagen: Ich habe alles, was ich mir je gewünscht habe, aber das wäre gelogen, denn die Wahrheit ist, dass ich nie den Mut aufgebracht hätte, mir Geld und Freiheit in diesem Ausmaß auch nur zu wünschen.«[66]

Damit spricht sie die Dimension der Fülle im Leben ambitionierter Menschen an, als Lebensgefühl, als Geisteshaltung, als Bewusstsein, welches Privileg es ist, Gedanken zu teilen und Ideen auszutauschen.

## Warum Karriere machen …

**… weil sie die Fülle erleben lässt.** Erfolgreiche Menschen spüren ihre eigene Fülle und die Fülle der anderen. Doch sie kommt nicht mit dem Erfolg, sie war schon immer da. Es bedarf der speziellen Wahrnehmung und Aufmerksamkeit, diese innere Fülle zu empfinden, den Überfluss und das Flow-Erleben. Das sind auch Ihre Privilegien: die Intensität, die Verbundenheit mit anderen, das Getragensein in ihrer beruflichen Tätigkeit.

Jeder vermeintliche Mangel fordert Aufmerksamkeit, die Sie ihm aber nicht geben müssen. Sagen Sie nicht: »Wenn ich erst mal richtig viel Geld habe, dann …«, sondern genießen Sie das, was Sie haben, und teilen es mit anderen. Denken Sie nicht: »Warum hat sich mein neuer Chef, meine Kundin et cetera nicht bedankt?«, sondern freuen Sie sich daran, aus Ihrer Fülle heraus großzügig sein zu können. Grübeln Sie nicht, wie Sie Fehler vermeiden können. Fülle kennt keine Gier, keinen Geiz, keine Arroganz und keinen Neid. Es ist das Gefühl der Selbstgewissheit und des Willkommenseins in der Welt. In guten wie in schlechten Zeiten. Menschen sehen ihre innere Fülle, lassen sich nicht von schwierigen Zeiten bestimmen, sondern sie sagen sich zuversichtlich: »Meine Zeit wird kommen.«

**… aus Freude am Lernen.** Alltagslernen ist in Menschen angelegt. Etwas funktioniert nicht? Dann hilft Lernen: die ständige Anpassungsbereitschaft, die Fähigkeit, sich auf neue Menschen, Aufgaben und Umgebungen einzustellen. Diese Fähigkeit ist manchmal begrenzt. Wer wütend ist, weil er die neue Kaffeemaschine nicht umgehend bedienen kann, wird sich vielleicht auch mit Karrierehindernissen schwertun. Lernhindernisse sind Karrierehindernisse.

Neue Kaffeemaschinen und Karrieren brauchen Neugierde und Forschergeist. Im Lernmodus bleiben heißt, die eigenen Muster und den Glauben an Mythen immer wieder neu zu erkennen. Wenn die Karriere fortgeschritten ist, jemand als Autorität im eigenen Feld gilt, bleibt die ambitionierte Lernspannung. Neue Erfahrungen sind stets willkommen. Das Mindset wird erweitert, Beschäftigungen dringen in neue, zusätzliche Lernfelder vor. So entsteht die Neugierde auf künstliche Intelligenz, Start-up-Ideen, Friedensdiplomatie oder Kunst. Die Kunstberaterin Eva Mueller eröffnet Lernimpulse in ihrem wöchentlichen Newsletter.[67] Die Welt der Kunst begeistert, reißt mit, lässt staunen und den Unternehmensalltag mit anderen Augen sehen.

Je größer der Erfolg, desto mehr gibt es zu lernen. Der Drang zu gewinnen tritt zurück. Es entscheiden minimale Details über Erfolg und Durchbruch. Viele sind exzellent, doch wer unterscheidet sich auf welche Weise? Das Lernen in der Topliga zielt auf das Mehr an guten Kontakten, an Selbstwirksamkeitsüberzeugung, an Wohlwollen.

**… weil sie die Entdeckung neuer Möglichkeiten bei gleichzeitiger Selbstentdeckung bietet.** Neugierde treibt an. Da geht noch mehr. Das möchte ich auch machen. So möchte ich auch sein. In jeder Karrierestufe öffnet sich eine neue Welt, ich fühle mich gefordert und angetrieben. Ein Glücksfall, wenn diese Selbstentdeckungen parallel mit den Beförderungen verlaufen.

Diese Begeisterung beschreibt der unermüdlich lernende, international erfolgreiche Stardirigent Kent Nagano in seinem Buch *10 Lessons of my Life*.[68] Sein Buch handelt nicht davon, wie er zu einem Stardirigenten geworden ist, sondern davon, wie beeindruckt er von Weggefährt*innen aus der klassischen Musik ist, wie auch Björk ihn inspiriert hat und was er von Frank Zappa gelernt hat.

Die Ambition macht die Karriere, nicht die Planung. Jede große Karriere ist ein langer Mindset-Veränderungsprozess mit vielen Beteiligten. Er geht von jeder Person selbst aus. Die Headhunterin Stephanie Schorp sieht das so:

> »Keine Karriere lässt sich exakt planen. Selbst wenn Sie schon von klein auf wussten, dass Sie mal Chefin beziehungsweise Chef werden wollen, können Sie unmöglich vorhersagen, wohin diese Reise Sie führen wird. Sie können sich eine Richtung vornehmen und Sie können Ihren jeweils nächsten Schritt pla-

nen, aber ob es dann tatsächlich auch so kommt, hängt bei einer Karriere niemals von Ihnen alleine ab.«[69]

Was rückblickend eine Karriere geworden ist, fühlte sich im Alltag als Wunsch nach Selbstausdruck an, auf allen Hierarchiestufen. Zum Wunsch, das eigene Können zu zeigen, und mit ihm gesehen zu werden, muss die Bereitschaft kommen, für die Entfaltung und Vervollkommnung des eigenen Talents Mühe und auch (eigenes) Geld aufzuwenden. Und den Umgang mit Fehlern, Umwegen und Frustrationen zu lernen. Dieses Buch hätte auch heißen können: *Alle Fehler, die wir gemacht haben.* Wir kennen uns aus, wir haben viele Fehler gemacht, sind gescheitert und wissen heute: Das geht allen erfolgreichen Menschen so. Auch uns Autorinnen. Wir sind nicht mehr die, die wir zu Beginn unserer Karrieren waren. Nie hätten wir uns vorstellen können, welche persönlichen Veränderungen uns bevorstehen, wie tiefgreifend sich unser Leben immer wieder verändert. Welche persönlichen Richtungsänderungen es geben würde. Wie großartig unser Leben sein wird, wie erfüllend. Wer Karriere macht, verortet sich ständig neu. Wer bin ich heute? Wer werde ich morgen sein? Möchte ich hier heimisch werden oder zieht es mich weiter? Ist es das, was ich immer schon wollte? Für viele Menschen geht mit ihrer Karriere ein Lebenstraum in Erfüllung. So ist es für uns, auch wenn wir unseren Lebenstraum nicht hätten benennen können. Erst jetzt, da wir in der Topliga-Beratung angekommen sind, wissen wir: Da wollten wir immer sein. Wer eine Ambition hat, will sie ausdrücken und in ihr Erfüllung finden.

**… damit ich mit meinem Talent, meiner Persönlichkeit ankomme und mich heimisch fühle.** Eine 26-jährige Hip-Hop-Tänzerin erkrankte schwer an Rheuma. Auf ihrem jahrelangen Heilungsweg entdeckte sie unter anderem Yoga und die ayurvedische Ernährung. Durch sie gewann sie ganz langsam ihre Schmerzfreiheit und Bewegungsfähigkeit wieder zurück. Sie studierte beides voller Begeisterung und begann dann nach langem gesundheitlichem – und finanziellem – Leidensweg eine neue Karriere als Yogalehrerin für verschiedenste Gruppen von Menschen. Sie war so erfolgreich, dass sie nach bereits zwei Jahren ihr eigenes großes Yogastudio eröffnen konnte. Mehrere angestellte Yogalehrer arbeiteten in ihrem eleganten Salon hoch über der Stadt. Sie schrieb Bücher, gab Interviews, arbeitete selbst am liebsten intensiv in Privatstunden mit anspruchsvollen erkrankten oder sportverletzten Klient*innen. Die Führung eines Studios mit Angestellten und mit erheblichem Umsatz war für sie neu, sie konnte das gut, aber es belastete sie sehr. Sie hatte nie genug Zeit für die Einzelarbeit und erst recht nicht für ihre geliebten Fortbildungen. Keine neuen Ideen, keine Zeit zum Austausch mit den Besten der Welt, keine Entwicklung – das machte ihr Leben unerträglich. Die ersten Anzeichen eines Rheuma-Rückfalls nahm sie nicht ernst und erkrankte erneut. Als ihre Kräfte und finanziellen Reserven erschöpft waren, gab sie ihr Studio in neue Hände. Sie behielt ihre Privatstunden-Klient*innen und zog in kleinere Räume um. Sie hatte Existenzängste, bis immer mehr erfolgreiche und ambitionierte Menschen von ihrem Wissen profitieren wollten. So konnte sie sich auch selbst wieder regelmäßig auf der ganzen Welt fortbilden. Mit 40 hatte sie ihren Platz gefunden – vorerst.

Wer spürt: »Hier bin ich nicht richtig, ich brauche mehr oder andere Lern- und Gestaltungsmöglichkeiten, mehr oder eine andere Verantwortung«, benötigt die Kraft zur Veränderung. Paul Bloom von der Yale University hat dazu ein Buch geschrieben: *The Sweet Spot. Suffering, Pleasure and the Key to a Good Life.*[70] Warum es die Anstrengung braucht, um Sinn zu finden. Oder Flow. Oder eine Karriere. Ein glückliches, erfülltes Leben braucht Anstrengung, Mühe und die Überwindung von Widerständen.

**… weil ich spüre: »Da geht noch mehr.«** Diese unermüdliche Anstrengung, ihr Sehnen zu erfüllen beschreibt Andrea Petković, Multitalent und Tennisstar, in den Interviews, die sie zu ihrem Buch *Zwischen Ruhm und Ehre liegt die Nacht*[71] mit autobiografischen Erzählungen gegeben hat. Inständig fragt sie sich: »Wo kommt dieser Wille her?«[72] Auf diese Frage hat sie – wie viele erfolgreiche Menschen – keine Antwort gefunden. Sie spüren den Willen, den Drang nach mehr, und wie dieser ihr Leben dominiert. Sie haben keinen Begriff dafür. Wenn wir so etwas lesen, dann fühlen wir uns stolz und glücklich, dass wir dieses Sehnen entschlüsselt und beschrieben haben und ihr unser Buch *Ambition* schenken konnten.

Paul Auster, einer der bedeutendsten amerikanischen Schriftsteller, beschreibt beispielhaft in seinem Buch *Mit Fremden sprechen. Ausgewählte Essays und andere Schriften aus 50 Jahren*, wie sich alles seiner Ambition unterordnet. [73] Privatleben, politische Ereignisse, Lesen, Sport, Reisen, Begegnungen – alles wird zu Literatur. Auch wenn er nicht weiß, dass dies der autonome Wille seiner Ambition ist, dem er einfach nachgibt, beschreibt er so wunderbar das Drängende darin und wie er davon durch sein Leben geführt wird.

> »Ich weiß nicht, warum ich tue was ich tue […] Ich kann nur sagen und sage es mit absoluter Gewissheit: Ich verspüre dieses Bedürfnis seit meiner frühesten Jugend. Ich rede vom Schreiben, insbesondere vom Schreiben als einem Instrument, Geschichten zu erzählen, erfundene Geschichten, die in dem, was wir Realität nennen, nie stattgefunden haben. Zweifellos eine seltsame Art, sein Leben zu verbringen: Allein in einem Zimmer zu sitzen, einen Stift in der Hand, Stunde um Stunde, Tag für Tag, Jahr für Jahr, mühsam Worte zu Papier bringen, um etwas entstehen zu lassen, das es nicht gibt – außer im eigenen Kopf. Warum nur sollte jemand so etwas tun wollen? Die einzige Antwort, die ich darauf jemals gefunden habe, lautet: weil man muss, weil man keine Wahl hat […] Es ist das Einzige, was ich jemals tun wollte.«[74]

**… weil ich so erfahre, was meine große Ambition ist, die mich führt und lenkt.** Karriere machen ist keine Weiterführung der Arbeit auf anderer Ebene. Sicher, die Arbeit ändert sich mit der Karriere, sie wird anspruchsvoller, mit mehr Verantwortung und Gestaltungsraum. Weit mehr ändert sich die eigene Person, der Lebensstil, Freundschaften und Kontakte, der Habitus und die Haltung. Dazu gehört, dass Sie sich selbst ernsthaft und respektvoll erkennen in Ihrer Größe. Wer bin ich, wo bin ich verortet, wer möchte ich sein? Es gibt diesen einen Satz, der verhindert, dass Sie große Worte über Ihr Können denken, finden oder sagen. Er lautet: Ist das nicht übertrieben? Nein, ist es nicht. Weshalb lesen Sie dieses Buch über Karrieremythen? Was haben Sie gelernt oder angewendet? Wie sind Sie dahin gekommen, wo Sie jetzt sind?

**... weil ich die Welt verbessern möchte.** Wenn Menschen schon am Beginn ihrer Berufstätigkeit sehen, was besser laufen könnte, wie gemeinsam mehr möglich wäre, wie Führung zu einem WIR werden kann, dann wissen sie: Sie brauchen Gestaltungsfreiheit, Gefolgschaft und Macht, um ihre Ideen umzusetzen. Sie brauchen eine Karriere. Dann können sie dazu beitragen, die Welt zu einem besseren Ort zu machen. Alle ambitionierten Menschen wollen das. Sie fühlen eine Verantwortung, ihre Erkenntnisse und ihr Wissen einzusetzen. Sie brauchen andere Menschen, die ihre Vorstellungen teilen, die auch Ideen haben, die auch an dem großen Ganzen orientiert sind. Echte Erfolgspersönlichkeiten besitzen eine Mission, die über sie selbst hinausweist, andere mit einbezieht und ansteckend ist. Daraus entsteht eine gute Reputation, und die ist entscheidend: die Aufmerksamkeit vieler Menschen, die lange anhält – auch nach dem Karriereknick oder dem Karriereende. Wenn andere darin wetteifern, Sie ins Gespräch zu bringen, auf Sie aufmerksam zu machen, sich mit Ihnen zu zeigen und Sie zu fördern, dann sind Sie auf einem guten Weg. Ihr Verhalten hat diese Resonanz ausgelöst.

**... weil alles willkommen ist.** Sie sind angekommen, wenn Ihr spezifisches Können gebraucht wird und alles willkommen ist, dessen Sie fähig sind – willkommen, wie Sie sind, willkommen, wie Sie Dinge tun. Sie sind von Menschen umgeben, die Ihnen folgen und die Sie zu noch mehr inspirieren. Sie haben viel zu geben und alles wirkt. Das ist ein sehr großes Gefühl und oft erst nach jahrelanger Anstrengung, nach vielen Jobwechseln möglich. Karriere ist dieser Prozess, die eigene Bühne zu finden oder sich selbst zu gestalten.

**… weil Sie jung und glücklich bleiben.** Das Beste ist: Die Ambition hat kein Alter. Sie lässt Sie neugierig, inspiriert und staunend durch die Welt gehen. Jeden Tag aufs Neue. »Wenn ich arbeite, habe ich ein anderes Alter, als wenn ich einkaufen gehe«, sagte der gefeierte Intellektuelle Alexander Kluge zu seinem 90. Geburtstag.[75]

Was sagen Sie?

# Danke

Wir schreiben über lebensverändernde Begegnungen, die eine Karriere erst möglich machen. Andere Menschen machen das Leben spannend, froh, glücklich. Was uns beseelt, kommt aus vielen Richtungen. Wir bewegen uns in einem Lernuniversum aus Kunst, Wissenschaft, Beratung, Politik und Unternehmen mit Sissi Banos, Elke Benning-Rohnke, Jasmine Borhan, Dr. Sonja Conrads, Dr. Ewa Dürr, Dr. Martin Dürr, Valentin Fließ, Dr. Andreas Föller, Hedi François-Kettner, Dr. Anselm Görres, Prof. Dr. Petra Kipfelsberger, Walter Kraus, Andreas Lechthaler, Yvonne Molek, Eva Mueller, Dr. Katrin Rauen, Stephanie Schorp, Dr. Gudrun Schwarzer, Klaus Siefert, Nicola Tiggeler, Monika Wastian, Prof. Dr. Jürgen Weimann und Thomas Wilde. Sie sind für uns Community-Heimat. Alle sind einmalig und unnachahmlich in ihrem Wirkungsfeld. Von ihrem Können und Wissen profitieren wir die ganze Zeit.

Die weltweit erfolgreiche Bestsellerautorin und *Zeit*-Autorin Heike Faller hat uns bei diesem Buch von Anfang an begleitet. Und dann, in einer gemeinsamen Videokonferenz mit unserer Lektorin, Stephanie Walter, haben wir zusammen den Buchtitel entwickelt. Wir vier, das war ein besonderes Erlebnis. Wenn Kompetenz und Begeisterung zusammenkommen, entstehen Durchbrüche, Höchstleistungen, Freigeist.

Wenn wir sprechen, schreiben oder beraten, wollen wir wissen: Was geht noch? »Weit mehr« – diesen Seminartitel haben Birgit Heinold, Managing Director, und Jörg Lenuweit, Content Strategist, von der international tätigen Kommunikationsagentur Archetype für uns entwickelt. »Weit mehr« hat uns so fasziniert, dass wir diesen Leitgedanken immer wieder in unser Buch aufgenommen haben.

Durch die Resonanz auf unsere Artikel für *Spiegel.de* haben wir realisiert, wie viele Mythen es über Karrieren gibt und wie selbstschädigend sie sind. Viele Kommentare sind spannend und reflektiv und andere drücken aus, welche inneren Hemmnisse mit der Vorstellung einer Karriere verbunden sind. Das zu lesen, war für uns sehr wertvoll. Wir schreiben mit Leidenschaft und Veränderungswillen Artikel und sind Helene Endres, Ressortleiterin *Spiegel* Job + Karriere, und Maren Hoffmann, Redakteurin Job + Karriere bei *manager magazin* und *Spiegel*, äußerst dankbar für ihre Einladung, für *Spiegel.de* zu schreiben. Glücksmomente. Das gilt auch für die Einladungen von Claudia Tödtmann, für ihren renommierten, vielfach ausgezeichneten Management-Blog der *WirtschaftsWoche* zu schreiben. Im Gespräch mit Journalistinnen und Journalisten zu sein, ist immer bereichernd. Ihre Fragen bringen uns auf neue Ideen und eröffnen andere Perspektiven. So geht es uns auch in den Gesprächen mit Christina Kestel, Redakteurin des *Harvard Business Manager*. Für sie Artikel zu schreiben, ist immer eine intellektuelle Herausforderung.

Mit diesem herausragenden Team arbeiten wir seit vielen Jahren zusammen und sind begeistert von seinem Wirken: Ekkehard Kissel, Brigitte Mende, Miriam Neff-Knowles, Harald Rautenberg, Ayşe Romey. Sie sind fantastisch, echte Könner*innen. Exzellent lektoriert hat unser Buch Brigitte Mende. Und die Fehler? Wenn Sie noch welche gefunden haben, dann sind Sie von uns wieder reingebastelt worden.

Auch für dieses Buch ist wieder ein großartiges Agentur-und-Verlagsteam zusammengekommen. Wir sind Stephanie Walter, Programmleiterin des Ariston Verlags, zu ihrem neuen Verlag gefolgt. Während wir in der Arbeit nach ständiger Veränderung streben, suchen wir in der Zusammenarbeit nach Verlässlichkeit und Stabilität. Wenn Menschen sich kennen, ist alles einfacher. Michael Meller, als Buchagent die Instanz, macht uns das Leben leicht. Wir waren im

Schreibrausch, Stephanie Walter und Michael Meller engagierten sich gemeinsam für dieses Buch. Großartig.

In unseren Coaching-Qualitätsstandards haben wir bestimmt, dass Namen und Inhalte unserer Beratung vertraulich bleiben, deshalb können wir uns auch hier nicht persönlich bei unseren Klientinnen und Klienten bedanken. Das ist unheimlich schade. Wir erleben so viel Weltbewegendes, Herausragendes, Begeisterndes, Spannendes, Lustiges, Mutiges, dass wir uns äußerst glücklich schätzen, herzliche, interessante Menschen der Topliga aus aller Welt und allen Professionen zu beraten. Sie bestärken uns. Beratung ist reziprok, ein immerwährender Lernprozess, der weitergeht – auch lange nach der persönlichen Begegnung.

Ein besonderer Dank geht an unsere Assig-Barg-Echter-Fuhrmann-Keppel-Nagelschmidt-Familien. Sie begleiten uns mit Liebe, Vertrauen und Zuversicht. Heimat.

**Danke!** Dorothea Assig und Dorothee Echter

# Literaturempfehlungen

Assig, Dorothea & Echter, Dorothee: *Ambition. Wie große Karrieren gelingen*, 2. Auflage, Campus, Frankfurt am Main, 2019

Assig, Dorothea & Echter, Dorothee: *Freiheit für Manager. Wie Kontrollwahn den Unternehmenserfolg verhindert*, Campus, Frankfurt am Main, 2018

Bauer, Joachim: *Warum ich fühle, was du fühlst. Intuitive Kommunikation und das Geheimnis der Spiegelneurone*, Heyne Verlag, München, 2006

Bloom, Paul: *The Sweet Spot: Suffering, Pleasure and the Key to a Good Life*, 1. Auflage, Bodley Head, London, 2021

Bregman, Rutger: *Im Grunde gut: Eine neue Geschichte der Menschheit*, Rowohlt Verlag, Hamburg, 2021

Csíkszentmihályi, Mihály: *Flow. Das Geheimnis des Glücks*, 8. Auflage, Klett-Cotta, Stuttgart, 2021

Dufourmantelle, Anne: *Lob des Risikos. Ein Plädoyer für das Ungewisse*, Aufbau Verlag, Berlin, 2018

Dweck, Carol: *Selbstbild: Wie unser Denken Erfolge oder Niederlagen bewirkt*, aktualisierte und erweiterte Ausgabe, Piper Verlag, 2017

Echter, Dorothee: *Führung braucht Rituale. So sichern Sie nachhaltig den Erfolg Ihres Unternehmens*, 2. Auflage, Verlag Franz Vahlen, München, 2011

Kleon, Austin & Flegler Leena: *Show Your Work! 10 Wege, auf sich aufmerksam zu machen*, Mosaik Verlag, München, 2016

Kühne, Madeleine: *Millennial Boss. Wie du Boomer und Gen X erfolgreich führst*. Campus, Frankfurt am Main, 2020

Märtin, Doris: *Habitus. Sind Sie bereit für den Sprung nach ganz oben?* Campus, Frankfurt am Main, 2019

Nagano, Kent & Kloepfer, Inge: *10 Lessons of my life. Was wirklich zählt*, Berlin Verlag, München, 2021

Pépin, Charles: *Kleine Philosophie der Begegnung*, Carl Hanser Verlag, München, 2022

Schilling, Erik: *Authentizität. Karriere einer Sehnsucht*, 2. Auflage, C.H. Beck, München, 2021

Schorp, Stephanie: *Persönlichkeit macht Karriere. So stellen Sie die Weichen für Ihren eigenen beruflichen Weg*, Campus, Frankfurt am Main, 2022

Strenger, Carlo: *Die Angst vor der Bedeutungslosigkeit: Das Leben in der globalisierten Welt sinnvoll gestalten (Psyche und Gesellschaft)*, Psychosozial-Verlag, Gießen, 2016

Tempest, Kae: *Verbundensein*, 2. Auflage, Suhrkamp Verlag, Berlin, 2021

Wlodarek, Eva: *Die Kraft der Wertschätzung: Sich selbst und anderen positiv begegnen*, dtv, München, 2019

# Anmerkungen


1 https://www.spiegel.de/karriere/die-neun-gefaehrlichsten-karriere-mythen-tipps-von-den-karrierecoaches-a-0be189aa-9505-47ab-abf9-db4fd83468b8 (abgerufen am 25.06.2022)

2 Assig, Dorothea & Echter, Dorothee: *Ambition. Wie große Karrieren gelingen*, 2. Auflage, Campus, Frankfurt am Main, 2019

3 Ogger, Günther: *Nieten in Nadelstreifen: Deutschlands Manager im Zwielicht*, Droemersche Verlagsanstalt, München, 1995

4 Bund, Kerstin & Rohwetter, Marcus: »*Wahnsinns-Typen*«, DIE ZEIT, Nr. 34, 2013

5 Wehrle, Martin: *Ich arbeite in einem Irrenhaus: Vom ganz normalen Büroalltag*, Ullstein, Berlin, 2019

6 Pitzke Marc: »*Der Berserker geht von Bord*«, SPIEGEL ONLINE, 23.08.2013

7 Rosenkranz, Jan: »*Die Versager: von überschätzten Top-Managern und beratungsresistenten Egomanen*«, STERN, 20.04.2019

8 Ronson, Jon: *Die Psychopathen sind unter uns: Eine Reise zu den Schaltstellen der Macht*, Tropen, Berlin, 2012

9 Burger, Reiner: »*Es wächst eine Generation von Narzissten heran*«, Frankfurter Allgemeine online, 06.04.2022. Frankfurter Allgemeine online zitiert hier aus der Studie »Die Jungbullen kommen«.

10 Deckstein, Dagmar: *Klasse! Die wundersame Welt der Manager*, Murmann Verlag, Hamburg, 2009

11 Ebenda

12 Bauer, Joachim: *Warum ich fühle was du fühlst. Intuitive Kommunikation und das Geheimnis der Spiegelneurone.* Heyne 2006

13 Schilling, Erik: Onlineveranstaltung, Evangelische Stadtakademie, München, am 01.02.2021

14 Schilling, Erik: *Authentizität. Karriere einer Sehnsucht*, 2. Auflage, C.H.Beck, München, 2021

15 Zum Beispiel George, Bill: *Authentic Leadership. Rediscovering the Secrets to Creating Lasting Value*. John Wiley & Sons, San Francisco, 2003

16 Vgl. ausführlich: Schorp, Stephanie: *Persönlichkeit macht Karriere. So stellen Sie die Weichen für Ihren eigenen beruflichen Weg*, Campus, Frankfurt am Main, 2022

17 »*Fehlerkultur: Sagen, was schiefläuft*«, Harvard Business Manager, 04/2022
(Quelle: Coutifaris, Constantinos/Grant, Adam: *Taking Your Team Behind the Curtain: The Effects of Leader Feedback-Sharing and Feedback-Seeking on Team Psychological Safety*, Organization Science, im Druck)

18 Assig, Dorothea & Echter, Dorothee: *Ambition. Wie große Karrieren gelingen*, 2. Auflage, Campus, Frankfurt am Main, 2019, S. 102. Vgl. ausführlich: Dweck, Carol *Selbstbild: Wie unser Denken Erfolge oder Niederlagen bewirkt*, Piper Verlag, München, 2017

19 Bohnet, Iris: »*Dass Leistung entscheidend für die Karriere ist, ist ein Mythos*«, Interview, ZEIT ONLINE, 03.01.2022

20 Götsch, Antonia: »*Wissen Sie wirklich, was Ihre Mitarbeiter tun?*«, Harvard Business Manager Online, 01.02.2022

21 https://www.spiegel.de/karriere/toxische-chefs-mindestens-die-haelfte-ist-leicht-irre-es-gibt-aber-auch-schwere-faelle-a-8d2c0ebf-b197-4c97-8923-17fdf8c7a2fc (abgerufen am 01.08.2022)

22 Jo Nesbø: »*Harte Landung*«, S. 14–18, Süddeutsche Zeitung Magazin, Nr. 3, 21.01.2022, S. 18

23 Märtin, Doris: *Habitus. Sind Sie bereit für den Sprung nach ganz oben?* Campus, Frankfurt am Main, 2019

24 Sehr einprägsam schildern dies Berger und Luckmann in ihrem schon vor 60 Jahren verfassten bahnbrechenden Buch: Berger, Peter L. & Luckmann, Thomas: *Die gesellschaftliche Konstruktion der Wirklichkeit: Eine Theorie der Wissenssoziologie*, 19. Auflage, Fischer, Frankfurt am Main, 2003. Siehe auch Watzlawick, Paul: *Wie wirklich ist die Wirklichkeit?: Wahn, Täuschung, Verstehen*, Broschur, Piper, München, 2021. Watzlawick gilt als Mitbegründer der philosophischen Schule des Radikalen Konstruktivismus.

25 Sann, Uli & Unger, Frank: »*Pandemiese Umgangsformen*«, Die ZEIT, Nr. 18, 28.04.2022, S. 11

26 Ebenda

27 Hartmann, Michael: *Topmanager: Die Rekrutierung einer Elite*, Campus, Frankfurt am Main, 1996.

28 Vgl. ausführlich: Assig, Dorothea & Echter, Dorothee: *Freiheit für Manager*, Campus, Frankfurt am Main, 2018. Kestel, Christina: »*Wie viel Karriere passt zu mir?*«, Harvard Business Manager, September 2021, S. 18–23

29 Assig, Dorothea & Echter, Dorothee: *Freiheit für Manager*, Campus, Frankfurt am Main, 2018

30 Ebner, Christian & Ehlert, Martin: »*Weiterbilden und Weiterkommen? Nonformale berufliche Weiterbildung und Arbeitsmarktmobilität in Deutschland*«, Kölner Zeitschrift für Soziologie und Sozialpsychologie, Springer Fachmedien, Wiesbaden

31 Ebenda

32 Vgl. ausführlich: Assig, Dorothea & Echter, Dorothee: *Freiheit für Manager*, Campus, Frankfurt am Main, 2018

33 Strenger, Carlo: *Die Angst vor der Bedeutungslosigkeit: Das Leben in der globalisierten Welt sinnvoll gestalten (Psyche und Gesellschaft)*, Psychosozial-Verlag, Gießen, 2016

34 Vgl. ausführlich: Schorp, Stephanie: *Persönlichkeit macht Karriere. So stellen Sie die Weichen für Ihren eigenen beruflichen Weg*, Campus, Frankfurt am Main, 2022, S. 185–204

35 Wüllner, Thomas: »*Was tun nach einer Kündigung?*«, Harvard Business Manager, 2021

36 Dweck, Carol: *Selbstbild: Wie unser Denken Erfolge oder Niederlagen bewirkt,* Piper Verlag, München, 2017.

37 Barabási, Albert-László: »*Erfolgsgesetz, das nicht immer gilt*«, Interview in ORF.at Science, 2019

38 Märtin, Doris: *Habitus. Sind Sie bereit für den Sprung nach ganz oben?*, Campus, Frankfurt am Main, 2019 S. 112

39 Barabási, Albert-László: »*Es gibt so etwas wie Naturgesetze des Erfolgs*«, Süddeutsche Zeitung, Nr. 98, 29.04.2021, S. 19; https://www.sueddeutsche.de/wirtschaft/erfolg-netzwerke-barabasi-1.5276996?reduced=true (abgerufen am 30.06.2022)

40 Assig, Dorothea & Echter, Dorothee: *Ambition. Wie große Karrieren gelingen*, 2. Auflage, Campus, Frankfurt am Main, 2019, S. 189–194

41 Tempest, Kae: *Verbundensein*, 2. Auflage, Suhrkamp Verlag, Berlin, 2021, S. 113

42 Vgl. Assig, Dorothea & Echter, Dorothee: *Ambition. Wie große Karrieren gelingen*, 2. Auflage, Campus, Frankfurt am Main, 2019, S. 23

43 Nesbø, Jo: *Harte Landung*, Süddeutsche Zeitung Magazin, Nr. 3, 2022, S. 18

44 Cáceres, Javier: *Das ist Killerinstinkt*, Süddeutsche Zeitung, Nr. 108, 2021, S. 33

45 Illinger, Patrick: *Sterne*, Süddeutsche Zeitung, Nr. 174, 2021, S. 60

46 Ferrante, Elena: *Zufällige Erfindungen*, Suhrkamp Verlag, Berlin, 2021, S. 189–190

47 Dies ergab eine Umfrage von Psychologen der University of California um Hyunjin Koo: »If I Could Do It, So Can They: Among the Rich, Those With Humbler Origins are Less Sensitive to the Difficulties of the Poor.« https://www.researchgate.net/publication/360805071_If_I_Could_Do_It_So_Can_They_Among_the_Rich_Those_With_Humbler_Origins_are_Less_Sensitive_to_the_Difficulties_of_the_Poor, aufgerufen am 8.7.2022. Aufmerksam geworden auf diese Studie sind wir durch einen Bericht in der *Süddeutschen Zeitung* vom 05.07.2022, S. 1

48 Compliance bedeutet die Unterordnung der unternehmerischen Strukturen und Prozesse unter Gesetze, zum Beispiel der Gleichbehandlung, Anti-Korruption etc.

49 Nussbaum, Martha: *»Die Meisterin des guten Lebens«*, Hohe Luft kompakt, Sonderheft 1/2015, S. 46

50 Pollak, Lindsey: *»Unzufrieden im Job? Warum Sie trotzdem bleiben sollten«*, Harvard Business Manager Online, 15.02.2022

51 Tempest, Kae: *Verbundensein*, 2. Auflage, Suhrkamp Verlag, Berlin, 2021, S. 113

52 Gelitz, Christiane: *»Wer wachsen will, sollte seine Komfortzone verlassen«*, Spektrum.de, 11.04.2022

53 Ebenda

54 Pépin, Charles: *Kleine Philosophie der Begegnung*, Carl Hanser Verlag, München, 2022, S. 147

55 Pépin, Charles: *Kleine Philosophie der Begegnung*, Carl Hanser Verlag, München, 2022, S. 139–140

56 von Schirach, Ariadne: *Lob der Schöpfung. In Verteidigung des irdischen Glücks*. Verlag West-Östliche Weisheit Willigis Jäger, Würzburg, 2019, S. 23

57 Pépin, Charles: *Kleine Philosophie der Begegnung*, Carl Hanser Verlag, München, 2022, S. 10

58 Ebenda, S. 191

59 Bregman, Rutger: *Im Grunde gut: Eine neue Geschichte der Menschheit*, 5. Auflage, Rowohlt Taschenbuch, Hamburg, 2021

60 Meyer, Anneke: *»Wenn die Seele wehtut«*, Spektrum.de, 06.11.2014

61 Keltner, Dacher: *Das Macht-Paradox*, Campus Verlag, Frankfurt am Main, 2016, S. 37

62 Keltner, Dacher: *Das Macht-Paradox*, Campus Verlag, Frankfurt am Main, 2016

63 Frankl, Viktor E., *Über den Sinn des Lebens*, 5. Auflage, Beltz Verlag 2021

64 Vgl. ausführlich: Csíkszentmihályi, Mihály: *Flow. Das Geheimnis des Glücks*, 8. Auflage, Klett Cotta, Stuttgart, 2021

65 VUKA ist ein Akronym für »Volatilität, Unsicherheit, Komplexität und Ambivalenz«. Es bezeichnet die Business-Welt, in der die Zukunft für Unternehmen unvorhersehbar und kaum planbar geworden ist.

66 Roupenian, Kristen: *»Habe ich all das Geld verdient?«*, Süddeutsche Zeitung, Nr. 49, 2022, S. 12

67 Mueller, Eva: www.kunstberatung.de/service/newsletter-eva-muellers-visionary-sunday-post/ (abgerufen am 03.04.2022)

68 Nagano, Kent & Kloepfer, Inge: *10 Lessons of my life. Was wirklich zählt*, Berlin Verlag, München, 2021

69 Schorp, Stephanie: *Persönlichkeit macht Karriere. So stellen Sie die Weichen für Ihren eigenen beruflichen Weg*, Campus, Frankfurt am Main, 2022, S. 12

70 Bloom, Paul: *The Sweet Spot: Suffering, Pleasure and the Key to a Good Life*, 1. Auflage, Bodley Head, London, 2021

71 Petković, Andrea: *Zwischen Ruhm und Ehre liegt die Nacht: Erzählungen*, 3. Auflage, Kiepenheuer & Witsch, Köln, 2020

72 Mangold, Ijoma: *»Großes gelingt nur im Flow«*, DIE ZEIT, Nr. 42, 2020, S. 4 ff.

73 Auster, Paul: *Mit Fremden sprechen: Ausgewählte Essays und andere Schriften aus 50 Jahren*, 2. Auflage, Rowohlt Verlag, Hamburg, 2020

74 Ebenda, S. 409 ff.

75 Beyer, Susanne: *»Die Vergangenheit lebt in uns weiter«*, DER SPIEGEL, Nr. 7, 2022, S. 108

# Register


Abgrenzung 19, 65, 68, 77, 171
Abgrenzungsresonanzen 109, 152
Ambiguitätstoleranz 38
Ambition 7, 9, 11, 16, 18, 21, 24f., 31, 38, 49f., 52, 54, 57f., 61, 63, 71, 79f., 82f., 85–88, 91f., 97ff., 101, 104, 106, 112, 115f., 118, 120, 126–133, 136–139, 141ff., 147f., 150f., 153, 157f., 161f., 164, 173, 184, 191, 195–202, 209, 211ff.
Ängste, soziale 67, 69, 108, 112f., 115, 135, 139, 152, 158f.
Ansprüche 17, 34f., 59f., 63, 84f., 87ff., 149, 161
Aufstiegsdurchlässigkeit 69
Ausgrenzung 9, 152, 188
Ausnahmeerscheinungen 152
Auster, Paul 201, 215
Authentic Leadership 28, 60, 212
Authentizität 27f., 30–33, 35f., 60, 62, 210f.
Authentizität, selektive 36
Autorität 57, 104, 146, 154, 181, 188, 191, 197
Autoritäten 23, 30, 135, 143

Ballmer, Steve 15
Banos, Sissi 205
Barabási, Albert-László 115f., 121, 213
Bedeutsamkeit 99
Berger, Peter 212
Bescheidenheit 47, 125, 171
Bewerbung 25, 71, 94, 97, 104f., 122
Beyer, Susanne 215
Bloom, Paul 200, 209, 215
Bohnet, Iris 41, 212
Bregman, Rutger 183, 209, 214

Cáceres, Javier 213
Community 69, 82, 94, 97, 107, 112, 120, 140, 152f., 156, 158, 160f., 167f., 171, 173, 177, 181, 193, 205
Community-Aktivitäten 175
Coutifaris, Constantinos 212
Cross-Mentoring 166
Csíkszentmihályi, Mihály 209, 215

Dankbarkeit 136, 138, 155
Deckstein, Dagmar 16, 211
Demotivation 84
Demut 16f., 27
Denkmuster 39, 103f.
Depression 89
Dissonanz, kognitive 19, 130, 166
Diversität 147

Dufourmantelle, Anne 209
Durchsetzung
Durchsetzungsstrategien 180, 184
Dweck, Carol 39, 103, 209, 212f.

Ebner, Christian 83, 213
Ego(manen) 15f., 22, 36, 48, 67f., 70, 104, 211
Ehlert, Martin 83, 213
Ehrgeiz 17, 50, 72, 143
Eigenverantwortung 18, 83, 87
Eigenwillen 85
Einfluss 18, 20f., 25, 37, 44, 48, 110, 141, 149, 154, 181, 183, 188, 191ff.
Eliten 147f., 150
Empfehlung 11, 23, 43, 62, 95, 11f., 113, 158, 170, 174
Empörung 18f., 37, 67, 136, 187
Entscheidung 18, 34, 38, 54, 61f., 65, 73, 85f., 99, 125, 131, 146, 162, 170, 179f., 183, 193, 195
Erfolgsbewusstsein 70, 135
Erfolgsgefühl 134
Erfolgsgewissheit 136, 171
Erfolgsmuster 32, 123
Erfolgsnarrativ 54, 122, 131
Erfolgspersönlichkeit 69, 95, 202
Erfolgsversprechen 10, 38, 46, 89, 92f., 96, 126, 164

Faller, Heike 205
Familiennarrativ 155f.
Feedback 23, 38, 84f., 111, 171, 212
Fehler 23f., 33, 36, 39, 61, 74, 95f., 98f., 103, 109, 126, 135, 180, 184, 197, 199, 212
Feind 193
Ferrante, Elena 143, 214
Fishbach, Ayelet 158f.
Flow 70, 88, 127, 195, 197, 200, 209, 215
Flow-Erlebnisse 195
Frebel, Anna 139f.
Freundschaften 18, 30, 95, 99, 110, 117f., 153, 157, 163, 173
Führungsleitlinien 18, 28, 187

Gefolgschaft 34, 103f., 152f., 192, 202
Gegner 29, 189
Gelitz, Christiane 214
Gemeinschaft 34, 69, 86, 92, 183
George, Bill 212
Gerechtigkeitsempfinden 60, 72, 182
Gerechtigkeitssinn 179, 182
glaubwürdig 27f., 30, 36f., 55, 64, 86
Glück 73, 101, 109, 119, 125, 127–131, 133, 137, 157, 209, 214f.
Götsch, Antonia 42, 212
Grant, Adam 212
Großzügigkeit 39, 136

Haaland, Erling 140
Habitus 30, 55, 82, 116, 136, 202, 210, 212f.
Hartmann, Michael 79, 212
Headhunter 24, 31, 94–97, 131, 153, 160, 198
Heimat 92, 167, 205, 207
Herkunft 9, 49, 80, 146ff., 156, 159f.
Hilflosigkeit 108f., 112

Höchstleistungen 70, 76, 80, 127, 205
Höhenflüge 141
Honnefer Modell 79
House of Cards 152

Identität 30, 62, 92, 117, 173
Illinger, Patrick 214
Instagram 28
Intelligenz 39, 107, 198

Jobs, Steve 70
Jobsuche 10, 92f., 95f.

Kampf 35, 80, 137, 152, 190
Kapital, soziales 116
Karriereambitionen 11, 49, 57, 63, 71, 88, 104, 128, 142
Karriere-Booster 137
Karrieredoppelmoral 88
Karrieredurchbruch 130
Karrierenarrativ 148, 151f.
Karriereplanung 45, 79, 82, 85, 196
Karrierestillstand 50
Karrierestrategie 8f., 20, 24, 34, 54, 70, 87, 105, 116, 137, 162, 190
Karrierewünsche 22, 32, 49, 57, 83, 163
Keltner, Dacher 192, 214f.
Kestel, Christina 206, 213
Kloepfer, Inge 210, 215
Kluge, Alexander 203
Knausgård, Karl Ove 28
Komplexität 183, 215
Konflikte 18, 73, 82, 185ff., 193
Kontaktherstellung 151
Kontrollverlust 108
Konzeptualisierung 54, 63
Kooperation 17, 22, 26, 173, 181, 183f.
Krankheit 9, 89, 119
Kränkung 37, 91, 108, 110, 182f., 187, 190
Kritik 19, 30, 33, 35, 37, 64f., 73ff., 85, 170, 185, 187
Kummer 89, 188
Kündigung 18, 34, 75, 89, 91ff., 97, 103f., 180, 213

Lebensstil 30, 116
Leistungsbeweise 32f., 42, 96, 104, 127, 135
Lernmodus 93, 136, 143, 197
LinkedIn 50, 56, 94
Loben 38, 63ff., 67, 70f., 74ff., 120
Loyalität 34ff., 92, 119, 156, 187
Luckmann, Thomas 212

Machiavelli 152
Macht 15, 18, 36, 50, 104, 153, 179, 183, 187, 191ff., 202, 211, 214f.
Machtlosigkeit 18
Machtmissbrauch 183
Mancini, Claudio Michele 36
Mangold, Ijoma 215
Märtin, Doris 55, 116, 210, 212f.
Medien, soziale 16, 159
Meinungsführer 69, 183, 191
Mentoring 165f.
Meyer, Anneke 214
Mindset 8, 103, 105, 109, 112, 136, 138, 147, 153, 197f., 213
Mindset, flexibles 39, 67, 92, 103, 120, 162

Mindsets, statische und flexible 39, 103
Mindshift 33
Monologisieren 113, 119
Motivation, intrinsische 59, 76, 85, 141, 152, 195
Mueller, Eva 198, 205, 215
Multiple Reporting Lines 183

Nagano, Kent 198, 210, 215
Narrative 18, 49f., 54, 79, 114, 122, 131, 148, 151f., 155f.
Nesbø, Jo 50, 139, 212f.
Nussbaum, Martha 149, 214

Old-Guys-Networks 147

Panikattacke 89
Pépin, Charles 162, 173, 210, 214
Personalauswahl 9, 84
Personalentwicklungsmaßnahmen 98
Persönlichkeit 16, 26, 30f., 33, 35, 57, 62f., 69f., 95, 97, 104, 118, 125, 135, 152, 165, 171, 179, 196, 199, 202, 210, 212f., 215
Petković, Andrea 200, 215
Pollak, Lindsey 214
positive Resonanz 25, 63, 68, 71, 134
Psychopathen 15, 211

Reputation 29, 52, 103, 135, 154, 202
Resonanz 25, 68, 71, 73, 98f., 109, 116ff., 134, 152, 202, 206
Resonanzloop 63, 116–120, 122, 176
Risiken 32, 38, 87, 99, 110, 129, 161ff., 209
Risikofreude 161
Ritual 30, 105, 116, 122, 146, 209
Rollenflexibilität 66f., 120
Roupenian, Kristen 196, 215
Rückschläge 89, 95

Sann, Uli 212
Scham 33, 47, 75, 91, 108f., 154, 156
Scheitern 35, 49, 70, 77, 87, 104, 129f., 135, 137, 139ff., 153, 161
Schilling, Erik 28, 210f.
Schorp, Stephanie 31, 95, 198, 205, 210, 212f., 215
Selbstachtung 20, 85
Selbstausdruck 59, 199
Selbstbild 27, 32f., 209, 212
Selbstdisziplin 36, 63, 70, 92f., 182
Selbsteinschätzung 28, 103
Selbstermächtigungsprozess 129
Selbstgewissheit 86, 98, 130, 197
Selbstreflexion 16, 39, 67, 98
Selbstvermarkter 48
Selbstwertgefühl 106f., 120, 129, 182, 189
Selbstwirksamkeit 20, 63, 109, 119
Selbstwirksamkeitsüberzeugung 20, 106, 128, 171, 198
Sinn 16, 18, 79, 85f., 92, 105, 122, 130, 133, 184, 195, 200, 210, 213, 215
Solidarität 156
Soziogramm 105
Spiegelneuronen 98

Staunen 9, 17, 39, 118, 122, 136, 159, 162, 198, 203
Strenger, Carlo 84, 210, 213

Talent 16, 20ff., 41, 49, 54, 58, 76, 80, 82f., 85f., 92, 99, 125f., 133, 135f., 139ff., 143, 147, 154, 199f.
Tempest, Kae 132, 151, 210, 213f.
Tod 89, 163
Topliga 16, 96f., 112, 135, 151, 161, 198f., 207
Topmanagement-Bashing 17
Toptalente 82

Überwindungskompetenz 156
Unbeholfenheit, soziale 69, 109, 113
Unger, Frank 212
Unterlegenheit 110

Verantwortung 11, 16, 18, 42, 60, 63, 82–85, 87, 89, 98f., 126, 141f., 158, 163, 200ff.
Verbundenheit 76f., 101, 154f., 197
Vertrauen 20, 27, 34f., 60, 73, 77, 85, 95f., 135, 174, 188, 207
von Schirach, Ariadne 163, 214
Vorbild 21, 34, 46, 76, 96, 110f., 143, 157
Vorurteile 9, 60, 62, 147, 149

Wahrheit 31, 33, 38, 62, 104, 152, 181, 196
Watzlawick, Paul 212
Weimann, Jürgen 205
Weiterbildung 52, 81ff., 213
Wertschätzung 11, 23, 30, 34, 36, 39, 45, 57, 59, 63ff., 70, 72ff., 76, 98, 101, 105, 128, 136, 164, 170, 192, 210
Widerstände 7ff., 11, 16, 18, 31–35, 47ff., 64, 69, 77, 85f., 108, 110, 113f., 119, 123, 129, 131, 133, 135, 141, 149, 153ff., 171, 179, 188, 200
Wille 81, 129, 141ff., 161, 184, 195, 200f., 206
Wir-Gefühl 18
Wlodarek, Eva 210
Wohlwollen 10, 23, 25, 35f., 38, 47, 63, 66, 68, 70f., 92, 94, 105f., 119f., 134, 153, 170f., 186, 192, 198
Woolley, Kaitlin 158
Wüllner, Thomas 95, 213

Zufall 44, 94, 112, 125, 127–133, 139f., 164, 168, 214
Zugehörigkeit 9, 34, 47, 64, 68, 77, 83, 105, 109, 112, 115–119, 121, 130, 135, 153, 156, 160, 167f., 171, 188
Zugehörigkeitscodes 117
Zusammenarbeit 17, 25, 59f., 63, 81, 93, 168, 206

## Unsere Persönlichkeit entwickelt sich anders als gedacht

ISBN 978-3-424-20270-0

Kinder, Karriere, Krisen – was prägt unsere Persönlichkeit wirklich? Die Forschung weiß, dass persönliches Wachstum in jedem Lebensabschnitt und bis ins hohe Alter möglich ist. Doch was genau treibt diese Entwicklung an? Wie wirken sich wichtige Lebensereignisse in Ausbildung und Beruf, Partnerschaft und Familie, Krankheit und Gesundheit auf einzelne Facetten unserer Persönlichkeit aus? Und lässt sich die Persönlichkeit vielleicht sogar gezielt verändern? Die Persönlichkeitspsychologin Prof. Dr. Eva Asselmann stellt anschaulich und humorvoll die neuesten Studien auf diesem Gebiet vor und liefert überraschende Erkenntnisse.

ARISTON